高超声速飞行器的增益协调鲁棒参数化控制

侯明哲 谭 峰 著

科学出版社

北 京

内 容 简 介

本书主要包括高超声速飞行器的非线性运动模型、动态特性分析与面向控制的姿态系统模型,鲁棒参数化控制设计方法的基本原理与设计步骤,高超声速飞行器沿弹道增益协调鲁棒参数化控制设计的基本原理、设计步骤及详细过程与结果,以及高超声速飞行器制导与控制六自由度非线性数值仿真的软件开发、仿真测试与结果分析。本书内容系统规范,而且注重理论方法的实用化。

本书可供从事飞行器制导与控制、鲁棒控制理论与应用研究的科研人员和工程技术人员阅读,也可作为控制理论与控制工程以及导航、制导与控制等专业研究生及高年级本科生的参考用书。

图书在版编目(CIP)数据

高超声速飞行器的增益协调鲁棒参数化控制/侯明哲,谭峰著. —北京:科学出版社,2018.11

ISBN 978-7-03-059366-5

Ⅰ.①高… Ⅱ.①侯… ②谭… Ⅲ.①高超音速飞行器-鲁棒控制-研究 Ⅳ.①V47

中国版本图书馆 CIP 数据核字(2018)第 251628 号

责任编辑:张海娜 赵微微/责任校对:何艳萍
责任印制:吴兆东/封面设计:蓝正设计

科 学 出 版 社 出版
北京东黄城根北街 16 号
邮政编码:100717
http://www.sciencep.com

北京厚诚则铭印刷科技有限公司 印刷
科学出版社发行 各地新华书店经销
＊
2018 年 11 月第 一 版 开本:720×1000 1/16
2023 年 1 月第二次印刷 印张:13 1/4
字数:267 000
定价:98.00 元
(如有印装质量问题,我社负责调换)

前　　言

　　高超声速飞行器因其重要的战略价值和诱人的应用前景而受到世界各军事和科技强国的关注。制导与控制系统作为高超声速飞行器的中枢系统，是实现其安全稳定飞行、准确可靠遂行飞行任务的基本保障。因此，高超声速飞行控制技术是发展高超声速飞行器的一项关键技术。

　　与传统飞行器相比，高超声速飞行器采用了先进复杂的气动布局，使得其运动模型的非线性程度更高；加之高超声速飞行器的飞行条件更加复杂多变、飞行马赫数跨度范围更大、气动特性变化更加剧烈，从而导致其成为一个具有快时变、强非线性和大不确定性的受控对象。这些特性使得高超声速飞行器的控制系统设计面临极大的挑战。为确保高超声速飞行器在复杂的条件下安全稳定飞行并具备良好的飞行品质，需对其控制设计方法进行专门研究。

　　控制系统设计的鲁棒参数化方法是由段广仁教授在研究线性系统特征结构配置的基础上提出的。经过长期探索，段广仁教授及其合作者建立了关于控制系统鲁棒参数化设计的一套完整的理论与方法体系。相关的典型算法和方法被国际学者称为"段算法"和"段方法"，并被成功应用于自动发电系统和四旋翼飞行器等控制系统设计中。

　　多年来，作者所在课题组在段广仁教授的带领下，结合国家自然科学基金委员会、航天科技集团第一研究院、航天科工集团第三研究院、总装备部、火箭军装备部的科研项目，对鲁棒参数化控制方法在航天飞行器中的应用进行了系统而深入的研究。本书正是在这样的背景下形成的，针对高超声速飞行器的特点，对其控制系统的增益协调鲁棒参数化设计给出了完整的设计过程和详细的设计结果，总结了作者多年来在相关领域的研究工作。

　　全书共 7 章。第 1 章介绍高超声速飞行器及其几种典型的控制方法，特别是增益协调鲁棒参数化控制方法的研究历史。第 2 章介绍本书涉及的一些控制理论基本概念和基础知识。第 3 章给出高超声速飞行器的非线性运动模型，分析其动态特性，并建立其面向控制的姿态系统模型。这是飞行器控制设计有的放矢的一个重要步骤。第 4 章介绍定常线性系统鲁棒参数化控制设计的基本原理，并给出详细的设计步骤。这是高超声速飞行器定点控制器设计的基础。第 5 章进一步给出增益协调鲁棒参数化控制设计的基本原理和设计步骤，并结合高超声速飞行器飞行的不同阶段，给出高超声速飞行器沿弹道控制系统设计的具体过程与详细结果。第 6 章给出用于高超声速飞行器制导与控制方法测试的数值仿真平台，并给出高超声速飞行器制导与控制系统的六自由度非线性数值仿真结果。第 7 章结合增益协调鲁棒参数化控制方法在高超声速飞行器上的应用，对该方法的优越性和局限性进行简要总结。

值此成书之际，作者首先由衷地感谢恩师段广仁教授，他不但是本书理论基础的奠定者、基础算法的开发者，而且对本书的完成给予了悉心指导和鼎力支持。

在哈尔滨工业大学控制理论与制导技术研究中心这个团结互助的集体里，作者特别感谢曾经一同奋斗过以及现在正在一同奋斗的制导组同仁：刘明岩老师、梁冰师姐、姜苍华老师，博士生孙勇、梁晓玲、付风玉、吴文娟、章智凯、胡艳梅、刘旺魁等。

在本书的研究过程中，作者与国内多位同行进行了深入交流并得到了他们的热心帮助。他们是北京理工大学的刘向东老师、盛永智老师和宋卓越老师，国防科技大学的汤国建老师和王鹏老师，天津大学的宗群老师和田柏苓老师，南开大学的孙明玮老师，西北工业大学的郭建国老师，西安交通大学的蔡远利老师，以及中国科学院自动化研究所的易建强老师和蒲志强老师等。在此作者对他们表示衷心的感谢。

本书的研究得到了国家自然科学基金项目 (编号：61773387 和 61503100) 的资助，作者对此表示衷心感谢。

由于作者水平有限，书中难免存在不妥之处，敬请广大读者批评指正。作者联系方式：侯明哲，hithyt@hit.edu.cn；谭峰，feng_tttf@hit.edu.cn。

需要特别指出的是，本书配套有完整的鲁棒参数化控制设计软件包以及高超声速飞行器制导与控制的六自由度非线性数值仿真软件。程序的免费下载地址见：http://homepage.hit.edu.cn/hithyt 中的资料下载栏，或者直接联系作者获取。

侯明哲　谭　峰

2018 年 8 月于哈尔滨

主要符号表

ϑ	俯仰角
ψ	偏航角
γ	滚转角
θ	弹道倾角
ψ_V	弹道偏角
α	攻角
β	侧滑角
γ_V	速度倾角
V	速度
P	发动机推力
$(x,\ y,\ z)$	地面坐标系下的位置坐标
$h\ (=y)$	高度
$M_x,\ M_y,\ M_z$	弹体坐标系下滚转力矩、偏航力矩和俯仰力矩
$X,\ Y,\ Z$	速度坐标系下的阻力、升力和侧向力
$\omega_x,\ \omega_y,\ \omega_z$	滚转角速率、偏航角速率、俯仰角速率
$J_x,\ J_y,\ J_z$	绕弹体坐标系各轴的转动惯量
Q	动压
S	参考面积
$c,\ b$	纵向参考长度和侧向参考长度
m	质量
$C_{\mathrm{L}},\ C_{\mathrm{D}},\ C_{\mathrm{N}}$	升力系数、阻力系数和侧向力系数
$m_x,\ m_y,\ m_z$	滚转力矩系数、偏航力矩系数和俯仰力矩系数
$\delta_x,\ \delta_y,\ \delta_z$	数学意义上的滚转舵偏角、偏航舵偏角和俯仰舵偏角
$\delta_{\mathrm{e}},\ \delta_{\mathrm{a}},\ \delta_{\mathrm{r}}$	左升降舵偏角、右升降舵偏角和方向舵偏角
P_{LA}	燃油阀门开度
C_i^j	系数 C_i 对参数 j 的偏导数
m_i^j	系数 m_i 对参数 j 的偏导数

目　录

第 1 章 绪 论

随着人类对未知空间不断深入的探索,在航空技术与航天技术的研究取得突破性进展之后,近空间与近空间飞行器成为近年来又一新的研究热点。近空间 (near space) 又称近太空或临近空间,一般是指距地面 20~100km 的空域 [1],是介于传统航空与航天之间的特殊空域。近空间飞行器 (near space vehicle) 又称为临近空间飞行器,是指主要工作于近空间,并利用近空间独有的空间资源执行一定任务的一类飞行器。

高超声速巡航飞行器是一类以吸气式超燃冲压发动机或组合发动机为动力装置,以 5 马赫以上的速度在近空间巡航飞行的飞行器。先进的动力装置有效扩展了高超声速飞行器的飞行包线,使其在大气层内以更快的速度、更大的范围进行机动飞行,具有快速响应、高机动性、大航程、高效摧毁和强突防能力等突出优点,受到世界各军事和科技强国的普遍关注。大力发展高超声速飞行器技术,无论在军用上还是在民用上都具有重要意义。

为了提高飞行器的整体性能,降低飞行器的起飞重量,利用稀薄大气中的氧气作为氧化剂的吸气式超燃冲压发动机是较为理想的动力装置方案,但超燃冲压发动机技术的发展相对滞后。另外,高超声速飞行器具有较大的飞行马赫数,其运动过程具有快时变、强耦合、强非线性和大不确定性的特点,这使其在发展过程中面临诸多技术难题,如气动技术、耐高温防隔热材料技术、总体技术、推进技术、制导与控制技术等,因此,高超声速巡航飞行器的发展也较缓慢。目前,具有代表性的高超声速巡航飞行器主要包括美国的 X-30、X-43A、X-51A 和俄罗斯代号为"冷""针"的高超声速试飞器等。

1.1 高超声速飞行器概述

1.1.1 发展历程

一般认为,高超声速飞行器的研究始于 20 世纪 30 年代 Sänger 构想的助推滑翔式飞行器,Sänger 将这种飞行器命名为 "银鸟"(silverbird)[2−7],如图 1.1 所示。因第二次世界大战期间德国的军事需求,由 Sänger 牵头开展了高超声速飞行器技术的长期研究,并于 1944 年发表了名为 *A Rocket Drive for Long Range Bombers* 的长篇报告,系统阐述了这种远程高超声速飞行器的飞行原理、推进系统、几何外形、任务剖面、导航方案、发射方式和作战模式等。此外，我国著名空气动力学专家钱学森先生也是高超声速飞行器概念研究的先驱之一。1945 年，钱学森先生在《论高超声速相似律》一文中，首次使用 "hypersonic" 来表示马赫数大于 5 的飞行速度，后来该词在世界范围内得到了广泛认可。1948 年，钱学森先生在美国火箭学会举行的年会报告上提出了一种可以完成助推 – 滑翔式洲际机动飞行的高速运输系统，对应的飞行弹道一般被称为 "钱学森弹道"。

图 1.1 "银鸟" 飞行器

第二次世界大战结束后，德国关于高超声速飞行器早期概念研究的相关成果分别被美国和苏联继承。在此基础上，两国分别开展了自己的高超声速飞行器技术研究工作。苏联在 20 世纪 40~50 年代对 "银鸟" 飞行器进行了大量的风洞试验，积累了丰富的试验数据，并且在 20 世纪 60 年代中期由 Mikyan 设计局设计了自己的滑翔飞行器 Mig-105。虽然 Mig-105 最终只研究出了原型机，但为苏联/俄罗斯的高超声速飞行器技术奠定了坚实的基础。以此为牵引，苏联/俄罗斯陆续开展了 "暴风雪" 号航天飞机、"快船" 号新一代可重复使用载人航天飞行器、"鹰 -31" 高超声速飞行器、"针" 式滑翔机动弹头等项目的研究。同样，美国以 Sänger 的 "银鸟" 飞行器为基础，从 20 世纪 40 年代末开始进行了一系列高超声速飞行器技术研究，其中比较有代表性的研究计划包括 BOMI、Dyna-Soar(图 1.2)、Alpha Draco、BGRV、HGV、CAV 等。

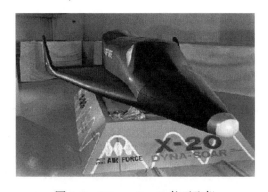

图 1.2 "Dyna-Soar" 航天飞机

20 世纪 50~60 年代远程弹道导弹的出现、载人飞船的成功返回以及 X-15 试验机的飞行马赫数超越 6 等事件,标志着人类进入了高超声速时代 [1]。此后,美国、苏联/俄罗斯、法国、德国、日本、印度、澳大利亚等国家陆续掀起了开展高超声速飞行器研制的高潮。

1.1.2 研究现状

1. 美国

X-30 [8] 是美国国家空天飞机 (National Aerospace Plane, NASP) 计划的高超声速概念飞行器,由美国国防高级研究计划局 (DARPA) 与美国国家航空航天局 (NASA) 共同研制,如图 1.3 所示。该飞行器采用乘波体气动布局以及机身/推进一体化设计,水平起飞、水平降落,具有单级入轨能力。按照设计规划,该飞行器可在 30km 高度以 5 马赫的速度巡航飞行 12000km 以上,完成横跨太平洋的飞行仅需两小时,因此,又被称为 "东方快车"。由于研制难度过大和研制成本过高,X-30 飞行器的研制已于 1994 年被取消,仅开展了缩比模型研究,未建造全尺寸实体样机。

图 1.3 X-30 飞行器想象图

NASP 计划被取消后,美国 NASA 提出了高超声速试验计划 (Hyper-X),其中 X-43A [9,10] 是其主要的试验飞行器。X-43A 与 X-30 在外形上十分相似,采用机身/推进一体化设计和乘波体布局,飞行器前体机身设计为超燃冲压发动机进气道的外压缩斜面,机身后段设计为发动机的尾喷口,如图 1.4 和图 1.5 所示。X-43A 机身长 3.6m,翼展 1.5m,自重约 1t,前缘半径非常小,控制面也非常薄,巡航飞行时的阻力较小。姿态控制的执行机构为气动舵面,布置于机身后部,主要包括全动式水平尾翼、双垂尾翼及方向舵。

X-43A 主要用于开展超燃冲压发动机试验,试验中飞行器仅携带液态氢作为燃料,而氧化剂是利用发动机进气道获得的空气中的氧气。为了达到超燃冲压发动机的试验条件,X-43A 采用挂载加火箭助推的发射方式,如图 1.6 和图 1.7 所示。其飞行过程为:首先由 B-52 轰炸机将 X-43A 及助推火箭带飞到 12.2km 高空并投

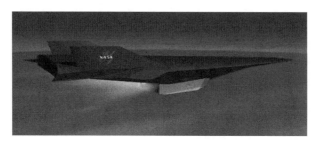

图 1.4   X-43A 飞行器想象图

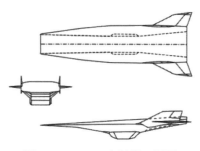

图 1.5   X-43A 飞行器三视图

放, 助推火箭随即点火将其助推到 28.5km 高空, 然后 X-43A 与助推火箭分离, 超燃冲压发动机点火开始试验。

图 1.6   携带 X-43A 的助推火箭与载机 B-52 脱离并点火

图 1.7   X-43A 与助推火箭分离想象图

目前，X-43A 已进行了三次飞行试验。2001 年 6 月，X-43A 进行了第一次试飞。由于助推火箭偏离航线并出现翻滚，飞行器在空中紧急自毁，试验失败。此后，X-43A 的试验计划大大延迟。2004 年 3 月和 11 月，X-43A 分别进行了第二次和第三次飞行试验。在第二次飞行试验中，X-43A 的超燃冲压发动机工作了大约 10s，最高速度达到 7 马赫。在第三次飞行试验中，X-43A 实现了 9.8 马赫的高超声速飞行，创造了吸气式发动机飞行器在大气层内的速度纪录。

X-51A 是高超声速巡航飞行器的另一典型代表。该飞行器是美国空军为验证吸热型碳氢燃料超燃冲压发动机的性能而设计的无人试验飞行器。如图 1.8 所示，X-51A 机身长 4.27m，采用乘波体外形，因此被命名为 "乘波者" (waverider)。该飞行器升阻比较大，最大飞行速度为 6 马赫，最大飞行高度为 30km。为了在高速和高热流影响下仍然保持结构的完整和刚性，该飞行器机身主体采用了铝合金和钛合金制造，头部采用了钨合金，机身腹部等特殊部位表面还覆盖有隔热瓦，同时发动机还采用了主动冷却技术。与 X-43A 相似，X-51A 也采用挂载加火箭助推的发射方式，先由 B-52 带飞到 15.2km 高空并投放，助推火箭随即点火并将其加速到 4.5 马赫，然后 X-51A 与助推火箭分离，超燃冲压发动机点火后再将其加速至 5 马赫以上，并保持巡航飞行。

图 1.8 挂载于 B-52 轰炸机上的 X-51A 飞行器

美国共制造了四架 X-51A 飞行器，目前已进行了四次飞行试验。X-51A 飞行试验的主要目的是验证超燃冲压发动机在飞行状态下的工作性能。2010 年 5 月 26 日，X-51A 飞行器在加利福尼亚州南海岸的军事基地首飞成功，以接近 5 马赫的速度飞行了大约 3 分半钟，实现了同类发动机驱动飞行器的最长距离航行。在 2011 年 6 月 13 日进行的第二次飞行试验中，由于超燃冲压发动机的进气道未启动，X-51A 的飞行试验过早终止。在技术人员的控制下飞行器坠落到加利福尼亚州沿海。2012 年 8 月 15 日，美国空军进行了 X-51A 飞行器的第三次飞行试验。由于控制翼故障，X-51A 飞行器在太平洋上空飞行仅 31s 后解体，远低于军方设定的飞行五分钟的目标。根据前三次飞行试验的经验和教训，研究人员对发动机进行了改进。2013 年 5 月 1 日，美国空军进行了 X-51A 飞行器的第四次飞行试验。据称，此次飞行试验取得成功，飞行器利用超燃冲压发动机成功加速至 5 马赫以上，并持续飞行 200s 以上，创造了持续吸气式高超声速飞行的新纪录。

2. 俄罗斯

俄罗斯为了保持军事上的优势，也在大力发展高超声速飞行器技术。自 20 世纪 90 年代开始先后开展了 "冷" 计划和 "针" 计划，发展了多种高超声速试验飞行器。"冷" 计划的试飞器为轴对称外形 (图 1.9)，总质量 595kg，长 4.3m，最大直径 0.75m，采用氢燃料的亚燃/超燃冲压发动机，可以携带 18kg 液氢燃料。1991~1998 年，"冷" 计划试验飞行器共进行了五次验证性飞行试验。除第三次、第四次出现电子或机械故障外，其他三次飞行试验均十分成功，取得的主要成果包括 [11,12]：

(1) 实现了亚声速燃烧向超声速燃烧的转变；

(2) 飞行马赫数最高达到 6.5；

(3) 获得了马赫数 3.5~6.45 的飞行速度和相当高的动压条件下有关亚声速和超声速燃烧的飞行试验数据；

(4) "冷" 高超声速试飞器、超燃冲压发动机模型、试飞器发射系统已成为一套完善的试验设备。

图 1.9 "冷" 高超声速试飞器与 SM-5 导弹

"针" 试飞器是俄罗斯的另一重要高超声速试验飞行器。该试飞器采用升力体布局 (图 1.10)，全长 7.9m，翼展 3.6m，飞行马赫数 6~14，采用三模块氢燃料超燃冲压发动机，其功能定位与美国的 Hyper-X 计划类似，主要用于研究机体/推进一体化、结构热防护、计算流体力学等一系列重大基础技术问题。据称 [12]，该试飞器于 2001 年 6 月成功进行了飞行试验，2004 年 2 月又在 "安全-2004 战略演习" 中进行了发射试验。

3. 法国

自 20 世纪 60 年代以来，法国从未间断过高超声速技术的研究。1992 年，在国防部等单位领导下，法国制定了国家高超声速研究与技术 (PREPHA) 计划。PREPHA 计划历时 6 年，最后研制了 Chamois 超燃冲压发动机，并在 6 马赫的速度下进行了反复试验。此外，法国还研制了另一种超燃冲压发动机，并于 1999 年成功地进行了速度为 7.5 马赫的地面试验。目前，法国正在实施的高超声速技术发展计划主要有两个，即高超声速技术综合演示与超燃冲压发动机计划和 Promethee 空射型高超声速巡航导弹计划。前者是法国宇航公司与俄罗斯合作的研究计划，目的是研制一个高超声速技术综合演示器 (Edith) 和 1 台速度可达 12 马赫的煤油 / 液氢双燃料超燃冲压发动机。Promethee 空射型高超声速巡航导弹是法国国防采购局资助的计划，由法国航空航天研究院 (ONERA) 和法国宇航 – 马特拉公司合作实施，目前已经对 Promethee 的 3 个基础推进装置方案进行了评估。

图 1.10　"针"高超声速试飞器模型

4. 日本

日本的高超声速技术发展很快，1993 年，日本航空宇宙研究所建成了一座超燃冲压发动机试验台，可进行马赫数 4~8、流量 40kg/s 的工程性试验，从 1994 年至 1998 年共进行了 150 次大型氢燃料的工程性试验，掌握了点火、推力测量、燃料调节、发动机冷却等关键技术。日本较具代表性的一个高超声速飞行器技术项目是 H-II 轨道飞机 (HOPE)，如图 1.11 所示。H-II 轨道飞机是 20 世纪 80 年代曾研究过的航天飞机方案之一，是用 H-II 火箭发射，在普通跑道上水平着陆的不载人运货、全自主式航天飞机。

图 1.11　日本空天飞机设想图

5. 印度

2001 年在美国盐湖城举行的 "全球动力推进大会" 上, 印度设计的新型空天飞机模型首次露面。这种空天飞机称为 "先进跨大气层吸气式研究飞行器" (AVATAR, 简称艾瓦塔), 如图 1.12 所示。"AVATAR" 梵文之意为 "复活", 印度以此命名其新式空天飞机寓意为 "超级飞机" 计划重获新生。该机型体积小于俄罗斯米格 −25 战斗机, 采用氢作燃料, 可将质量为 500~1000kg 的卫星送入低轨道。从公布的照片看, 艾瓦塔的设计非常前卫, 完全打破了美国航天飞机的框架。尖尖的机头, 宽大粗壮的机身, 短小的双翼, 整个造型非常流畅。这种设计不仅可使航天飞机在飞行过程中有效减少阻力, 而且其宽大的机身将意味着飞机能装载更多的设备、人员和燃料。"艾瓦塔" 飞机主要以涡轮冲压喷气发动机为动力, 爬升至巡航高度后改用超声速燃烧冲压喷气发动机。待巡航速度达到 7 马赫时, 利用其火箭发动机加速飞行进入轨道。回收时, 其离轨进入大气层后, 利用自身动力系统降落。除民用航天任务外, 其还可执行高空超声速监听、监视、侦察甚至空间作战等军事任务。该计划负责人表示, "艾瓦塔" 可在十年内用不到 20 亿美元的经费制造成功, 并且时间还可能会缩短。"艾瓦塔" 的问世是印度军事航天技术一次质的飞跃。

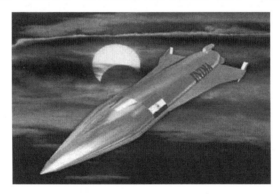

图 1.12 "艾瓦塔" 空天飞机

6. 澳大利亚

澳大利亚在超燃冲压发动机研究方面与日本一样, 起步也较晚 (开始于 20 世纪 70 年代), 但在 2002 年, 澳大利亚进行了模型发动机飞行试验, 从而备受瞩目。1997 年昆士兰大学成立高超声速中心, 该中心同美国、法国、英国、日本、韩国合作开展 HyShot 计划, 分别在 2000 年 10 月 30 日和 2002 年 7 月 30 日, 完成了两次超燃冲压发动机的飞行试验。飞行试验利用 Terrier Orion Mk70 固体火箭搭载超燃冲压发动机, 在火箭再入大气层到达 30 km 高度、马赫数为 8 时, 模型发动机开始工作, 持续大约 6.4s。

1.2 高超声速飞行器控制概述

1.2.1 面临的难点问题

高超声速飞行器具有较大的飞行马赫数, 其运动具有强非线性、快时变、强耦合和大不确定性的特点, 给其控制系统的设计带来了极大的困难和挑战。总体来说, 高超声速飞行器的控制主要面临以下难点问题。

1) 强非线性

一般说, 飞行器的气动特性取决于它的气动构型和在大气层中的飞行状态。同时, 飞行器的速度、高度和轨迹等飞行状态又直接受到其气动特性、推进系统及制导与控制系统等因素的影响。高超声速飞行器在复杂的近空间环境和较大的飞行包线下, 其气动特性会发生剧烈的非线性变化。主要表现在其气动力和气动力矩随飞行状态和马赫数的非线性变化, 其飞行状态随气动力和气动力矩的非线性变化, 以及气动力和气动力矩随大气温度、密度等外界环境因素的非线性变化等。

2) 快时变

高超声速飞行器要实现大范围高超声速机动飞行, 加之不同飞行高度下大气环境的复杂变化以及飞行器操纵特性随高度和速度的不同而产生的急剧变化, 势必使得气动参数存在剧烈快时变现象, 从而使得气动力和气动力矩产生复杂变化, 进而影响飞行的稳定性, 增加飞行控制的难度。

3) 强耦合

由于高超声速飞行器飞行运动的复杂性以及对性能的高要求, 纵向运动和横侧向运动之间、各个通道的姿态运动之间、姿态运动与质心运动之间都存在着高度耦合。此外, 为了达到良好的整体性能, 吸气式高超声速飞行器的设计一般采用机体/超燃冲压发动机一体化的构型, 从而使得气动力与推进系统之间也存在着强烈的耦合作用, 而且超燃冲压发动机的推进性能对气流角非常敏感。这些因素都决定了高超声速飞行器的控制系统具有强烈的耦合特性。

4) 不确定性

高超声速飞行器的不确定性主要表现为飞行环境的不确定性和运动建模的不确定性。描述临近空间环境的物理量随高度变化复杂, 大气运动现象复杂多变, 存在着如风切变、风素流、阵风等干扰作用, 因而为飞行环境带来了很大的不确定因素。另外, 高超声速飞行器在高超声速飞行运动中, 气动加热、薄激波层、黏性干扰、真实气体效应等高超声速流动特性会对飞行器的气动特性产生很大影响, 这些因素势必使得飞行器的运动建模存在一定的误差。此外, 由于技术资料和试验手段的限制, 通过计算流体力学方法和风洞试验而获取的气动参数也难免存在偏差, 这也是运动建模不确定性的诱因之一。

1.2.2　控制方法概述

1. 预测控制方法

预测控制是一类基于模型的控制方法，因此又称为模型预测控制，其基本思想是利用被控对象的动态模型预测其未来输出，并通过在未来时段上优化过程输出来计算最佳输入序列，以达到提高控制性能的目的。预测控制最初由 Richalet、Cutler 和 Rouhani 等于 20 世纪 70~80 年代提出。1978 年，Richalet 等基于脉冲响应模型提出了模型预测启发式控制 (MPHC) 方法 [13]。1980 年，Cutler 和 Ramaker 基于阶跃响应模型提出了动态矩阵控制 (DMC) 方法 [14]。1982 年，Rouhani 和 Mehra 基于脉冲响应模型又提出了模型算法控制 (MAC) 方法 [15]。对工业过程而言，脉冲响应、阶跃响应等模型可通过现场测试获得，且采用滚动优化和反馈校正的策略增强系统的鲁棒性，因此，模型算法控制与动态矩阵控制首先在工业过程控制中得到了成功应用。之后预测控制引起了工业控制界的广泛关注，得到了蓬勃发展。

MPHC、DMC、MAC 均属于基于非参数模型的预测控制方法。尽管这类基于非参数模型的预测控制具有很多优点，但由于脉冲响应、阶跃响应等模型无法描述不稳定系统，故其应用范围受到较大限制。为此，Clarke 等于 1987 年提出基于参数模型的广义预测控制 (GPC) 方法 [16]。GPC 方法结合了自适应控制的思想，不仅可以用于控制开环稳定的最小相位系统，也可以用于控制非最小相位系统和不稳定系统，当模型阶次高于或低于真实过程时，仍能获得良好的控制性能 [17]。广义预测控制采用在线优化性能指标，结合了辨识与自校正的思想，既吸收了自适应控制适用于随机系统、在线辨识等优点，又保持了预测控制算法中的滚动优化策略、对模型要求不高等特点，被广泛地应用于非线性、不确定系统的控制中，取得了良好的效果。

预测控制算法最初是针对线性系统提出的，然而实际控制对象往往表现出时变、非线性、不确定性等特性，很难采用精确的数学建模方法给出系统有效的控制模型。当非线性特性较弱时，可通过在线辨识模型参数等手段予以克服；但当对象表现为强非线性时，基于线性模型的常规预测控制则往往达不到优化控制的目的，控制效果受到较大影响。为了解决强非线性和不确定系统的控制问题，产生了非线性预测控制方法。目前，非线性预测控制方法主要包括线性化方法、基于特殊非线性模型的方法和先进控制策略辅助方法等。非线性预测控制中采用的线性化方法主要有三种，依次为局部线性化方法、多模型方法 [18,19] 和反馈线性化方法 [20,21]。常用的特殊非线性模型包括 Hammerstein 模型 [22]、Volterra 模型 [23]、Wiener 模型 [24] 等，这些模型描述了系统输入输出之间的关系，模型结构一般是确定的，但模型参数需采用辨识方法来获得。模糊规则、神经网络、支持向量机等先进控制策略在非线性系统建模方面具有优良性能，将它们与预测控制相结合可得到不同的非线性预测控制方法，这些方法在处理非线性系统的控制问题中表现出较好的适用性 [25-28]。预测控制的滚动优化需要在线迭代求解，计算量较大，繁重的计算负担限制了非线性预测控制在实时控制工程中的应用。2003 年，Chen 等针对一类仿射型非线性系统的最优控制问题，提出一种具有解析形式的非线性预测控制算法 [29]。该算法通过对输出量和控制量进行泰勒级数展开，由性能指标最优的必要条件得到了非线性预测控制的解析形式的最优控制量，从而使计算量大幅减小。修观等 [30-32] 和程路等 [33,34] 分别以滑翔增程式制导炮弹和近空间高超声速飞行器为研究对象，采用上述具有解析形式的非线性预测控制方法设计了飞行控制系统，并通过仿真计算验证了该方法的有效性。

预测控制在适应快时变、非线性、不确定性等方面的优越性能，引起控制界越来越多的关注，并被尝试应用到飞行控制系统设计中。目前，预测控制在解决高超声速飞行器的控制问题中表现出了良好的适用性 [35-46]，已成为高超声速飞行器的可选控制方法之一。

2. 滑模控制方法

滑模控制由苏联学者 Utkin 和 Emelyanov 于 20 世纪 50 年代提出，经过 60 余年的发展，已成为自动控制系统的一种重要设计方法。变结构控制本质上是一类特殊的非线性控制，其非线性表现为控制的不连续性。这种控制策略与其他控制策略的不同之处在于系统的 "结构" 并不固定，而是在动态过程中根据系统当前的状态 (如偏差及其各阶导数等) 有目的地不断变化。滑模变结构控制是指其控制结构的变化能够迫使系统按照预定 "滑动模态" 的状态轨迹运动的一类特殊的变结构控制，也是最常用的一种变结构控制方法，因此，一般将滑模变结构控制简称为滑模控制。

滑模控制具有优良的控制性能，研究人员采用滑模控制方法开展了大量的飞行控制系统设计研究工作。特别是滑模控制在处理具有参数不确定性和外干扰的系统的控制问题时表现出的强鲁棒性引起了研究人员的极大兴趣，很多学者采用滑模控制方法来解决高超声速飞行器在面临快时变、强非线性和大不确定性等难题时的控制问题。2001 年，Xu 和 Mirmirani [47] 采用滑模控制方法针对一类多输入多输出 (MIMO) 非线性系统开展了鲁棒自适应控制律设计。2004 年，Xu 等 [48] 又以高超声速飞行器纵向模型为研究对象，基于趋近律的设计思想开展了自适应滑模控制方法研究。2006 年，Ahn 等 [49] 将滑模控制与自适应方法相结合设计了具有容错能力的飞行控制系统。2007 年，杨俊春等 [50] 针对高超声速飞行器的模型不确定性和外部干扰的影响，设计了积分滑模控制器，实现了对再入制导指令的鲁棒解耦跟踪。2008 年，Lee 等 [51] 针对模型的非线性及不确定性，采用滑模控制方法研究了 F/A-18 飞行器的三维轨迹控制问题。2007~2008 年，黄国勇等以空天飞行器为研究对象，先后研究了基于快速模糊干扰观测器的终端滑模控制方案 [52-54] 和基于径向基函数 (RBF) 神经网络的终端滑模控制方案 [55]，前者可有效抑制外界干扰的影响，提高再入过程的控制品质，后者可消除常规滑模控制的到达过程，且保证跟踪误差在有限时间内收敛到零。2009 年，Shtessel 和 Tournes [56] 采用光滑高阶滑模为武器拦截系统中的快速机动飞行器，设计了自动驾驶仪，可有效应对目标的机动和飞行器模型的不确定性。李惠峰等以高超声速飞行器纵向模型为研究对象 [57]，采用基于指数趋近律的滑模控制方法设计的纵向控制器提高了对速度阶跃和高度阶跃指令的控制精度。张军和姜长生针对近空间飞行器大包络高动态的飞行运动特性，设计了鲁棒自适应模糊终端滑模控制器 [58]，有效抑制了不确定项与复杂干扰对系统的影响，实现了近空间飞行器在复杂环境下高速运动的鲁棒自适应自主控制，同时还基于新型动态饱和函数设计了一种快速终端滑模面 [59]，不仅确保了系统在有限时间内收敛，而且克服了参数导致的抖振和奇异问题，有效提高了控制系统的鲁棒性。2010 年，Wang 等 [60] 采用滑模控制方法设计了具有容错能力的非线性飞行控制系统，提高了处理飞行环境不确定性的能力。Stott 和 Shtessel [61] 针对运载火箭面临的多种不确定性，采用高阶滑模控制方法有效提高了控制系统的鲁棒性和飞行控制精度。Harl 和 Balakrishnan [62] 采用滑模控制方法设计了无动力升力体再入飞行器着陆段的导引律。2009~2011 年，蒲明等针对近空间飞行器飞行包络大、飞行速度快、气动参数变化剧烈、系统建模存在不确定性、受外界扰动大等特点，提出二阶动态终端滑模控制方法 [63-65]，利用控制方法能使误差在有限时间内收敛的特性加快了系统的跟踪速度，通过引入二阶动态滑模得到了在时间上本质连续的控制器，有效克服了抖振问题，从而实现了快速、高精度、强鲁棒的跟踪控制。同时，为加快终端滑模的收敛速度和避免控制器的奇异性，在分析奇异性产生原因和推导控制器非奇异判据的基础上，设计了两种新型非奇异快速终端滑模，并将其与动态滑模相结合设计了近空间飞行器的控制器 [66]。

飞行器无动力再入飞行过程中，空气密度和飞行器速度变化较大，动力学参数变化剧烈，通道间的耦合作用非常严重，表现出强烈的多变量耦合特性和非线性，且伴随着其他未知干扰和不确定性。由于滑模控制对系统不确定性和外部干扰具有良好的鲁棒性，且具有快速的动态响应能力，许多学者针对再入飞行的特点提出了不同的滑模姿态控制系统设计方法。朱纪立等提出了一种新的指数时变滑模面，并对控制器中的参数通过遗传算法进行优化，有效解决了巡航段高超声速飞行器的控制问题 [67]。王亮等则针对再入式飞行器的反馈线性化模型设计了指数时变滑模全局鲁棒控制器 [68]，而且将扰动观测器和指数时变滑模应用于再入飞行器的姿态控制中，同样取得了良好的效果 [69]。随后，扰动观测器被进一步应用在指数时变滑模控制方法中，有效地减小了采用边界层方法来处理滑模抖振问题时所引入的稳态跟踪误差, 提高了系统控制精度 [70]。耿洁等则针对高超声速飞行器给出了动态滑模控制器设计方法, 通过对不连续的控制量输出加以积分作用, 有效地降低了普通滑模控制器的抖振现象 [71]。基于状态依赖 Raccati 方程 (SDRE) 的最优自适应积分滑模控制也被应用于高超声速飞行器中, 解决了再入段的姿态控制问题 [72,73]。为了改善系统的控制精度, Geng 等随后在 SDRE 方法的基础上提出了两种二阶滑模控制方法 [74,75], 使闭环系统具有全局鲁棒性和抗干扰性。再入飞行器高空的直接力姿态控制问题也被 Geng 等设计的有限时间滑模控制方法解决 [76]。王亮等提出了基于高阶滑模观测器的自适应时变滑模控制方法 [77] 和连续时变自适应滑模控制方法 [78], 消除了控制器设计过程中对系统不确定性上界已知的要求。随后, 传统滑模控制方法和高阶滑模控制方法也被结合起来, 提高了再入飞行器姿态控制系统的跟踪性能 [79]。

滑模控制方法在高超声速飞行器的制导上也取得了大量的成果。例如, Zhao 等将滑模控制应用在带末制导约束的制导问题中, 通过不同的实例说明了该方法的有效性 [80]。随后该制导方法也被改进为 SDRE 滑模方式, 其在 2 维和 3 维仿真中都取得了很好的效果 [81]。在文献 [82] 中, 滑模控制方法还被推广到了飞行器的自动降落算法中, 解决了初始状态大误差条件下的控制问题。

滑模控制对参数不确定性和干扰具有很强的鲁棒性, 因而成为高超声速飞行器控制系统设计的重要备选控制方法之一。为提高滑模控制方法对高超声速飞行器的适应性, 有必要针对高超声速飞行器快时变、强耦合、强非线性和大不确定性等特性, 全面考虑其飞行过程中面临的各种控制难题, 以充分利用滑模控制的强鲁棒性, 同时就如何提高控制系统的快速性、解耦性能以及对非线性问题的处理能力等方面开展深入研究。

3. 自抗扰控制方法

自抗扰控制 (ADRC) 是中国科学院韩京清研究员提出的一种新型控制方法。该控制方法来源于 PID, 充分发挥了传统 PID 的优点, 并克服了其缺点。自抗扰控制将模型的不确定性、未建模动态以及外部扰动归结为 "未知扰动", 通过扩张状态观测器观测后进行动态补偿, 因此, 自抗扰控制具有相当强的鲁棒性。自抗扰控制技术主要包括跟踪微分器、非线性状态反馈控制器和扩张状态观测器, 通过组合以上三种技术可以得到多种非线性 PID 以及自抗扰控制器。自抗扰控制技术具有诸多优点, 因而逐渐被很多学者尝试应用于飞行控制领域, 并取得了一系列成果。

Huang 等 [83] 将扩张状态观测器 (ESO) 应用于防空导弹垂直发射阶段的大攻角、大滚转角三通道解耦控制中, 取得了显著的效果。Sun 等对于飞行控制工程实践中碰到的两个问题采用线性自抗扰控制 (LADRC) 进行了解决, 并通过工程上常用的频域法进行了分析 [84,85]。随后, Sun 等 [86] 将 LADRC 应用于飞行器俯仰通道的大空域飞行控制，通过单参数调度实现了高动态姿态控制。印度国防研究所以 Talole 为首的团队积极开展了 ADRC 在飞行器制导与控制上的研究工作，包括战术导弹的滚转控制[87]、俯仰控制[88]、掠海飞行反舰导弹的高度控制[89] 等，充分说明了 ADRC 应用的灵活性。在飞行器过载控制方面，文献 [90] 在传统的三回路过载控制的基础上，提出了三回路自抗扰过载控制，在保持原有阻尼和稳定回路特性的基础上，利用 ESO 提高了系统动态性能的鲁棒性。文献 [91] 则将 LADRC 姿态优化控制问题转化成为线性矩阵不等式 (LMI) 优化问题。陈新龙等[92] 将自抗扰控制技术应用于某型导弹，设计了一种双闭环的姿态控制器，仿真结果表明采用自抗扰控制器可以获得相当理想的控制结果，能使系统具有较强的鲁棒性和较好的动态性能。熊治国等[93] 为超机动飞机的大迎角机动设计了基于自抗扰控制技术的双闭环控制系统，实现了三通道的解耦控制，并验证了所设计的自抗扰控制系统鲁棒性能很强，而且具有良好的动态性能。宋志国[94] 针对高超声速飞行器的姿态控制问题，结合自抗扰控制技术，采用扩张状态观测器和非线性误差反馈控制律设计了双闭环自抗扰控制器，使控制系统具有较强的鲁棒性和良好的动态特性。秦昌茂等[95,96] 针对 ESO 连续但不光滑的缺点，构造了连续光滑的 qin 函数，并设计了高超声速飞行器自抗扰姿态控制器，并通过仿真验证了该控制器的有效性。文献 [97] 采用 LADRC 设计再入飞行器的滑翔制导律，避免了使用阻力微分等信息和复杂的非线性运算，且大空域全部使用线性控制律。

在与飞行器执行器密切相关的电机控制方面。Li 等[98] 将 ADRC 应用于卫星的雷达指向伺服系统，数学仿真显示了系统在控制精度和跟踪速度上的改善。Sun 等[99,100] 采用 ESO 指令补偿的方式，提高了电机的 PD 控制在低速情况下的跟踪精度和动态品质。采用 LADRC，文献 [101] 有效改善了大型深空探测天线的抗风干扰能力和指向精度。针对飞行器制导与控制中应用 ADRC 的优势及存在的问题，文献 [102] 根据实际进行了综述。

自抗扰控制器在飞行器以及电机控制上都得到了良好的应用。然而，采用自抗扰控制方法设计的控制系统的稳定性仍然难以从理论上保证，需要进一步深入研究。由于观测与控制高度耦合，理论分析难度极大，目前的一些理论结果往往都是在假定观测器带宽足够高的情况下得到的[103-108]，对于工程实践的指导价值不大。最近，人们通过分析发现了实际中观察到的振荡现象的物理本质：当 ESO 带宽提高时，也就是观测精度提高时，系统容易发生振荡的根源是对于对象时延不确定性的容忍程度下降[99,109]。

4. 鲁棒增益协调控制方法

针对一个特定的被控对象，控制器的设计往往依赖于其数学模型。然而，实际模型中存在着许多不确定性，如参数测量误差、环境和运行条件变化导致的对象参数变化、模型简化误差等。鲁棒控制研究的正是当系统模型存在一定程度的不确定性和未建模动态时,如何设计控制器使得闭环系统稳定,并保持一定的动态性能品质。

由于线性鲁棒控制理论的发展比较成熟,许多学者对高超声速飞行器的模型进行近似或精确线性化处理,并在此基础上设计鲁棒控制器。文献 [110] 针对高超声速飞行器的大不确定性特点,通过选择合适的加权阵并结合其线性化模型组成广义被控对象,利用 H_∞ 鲁棒控制中的混合灵敏度方法对其进行了鲁棒控制器设计,所设计的控制器对于多种干扰和飞行器参数的不确定性具有较强的鲁棒性。文献 [111] 针对高超声速飞行器模型中存在的未知动态以及状态变量不可测等问题,构造了一个模糊逻辑系统来逼近未知动态以及一个状态观测器估计状态变量,并在此基础上,设计了一种多输入多输出鲁棒自适应模糊控制器,该控制器可以有效抑制外部扰动并克服近似误差带来的影响。文献 [112] 基于高超声速飞行器的模糊奇异摄动模型,利用线性矩阵不等式方法设计了一种多目标鲁棒控制器,使得飞行器在模型中存在不确定性以及由于飞行环境变化而产生未知非线性的情况下,仍可以实现对速度和高度参考信号的精确跟踪。文献 [113] 针对高超声速飞行器模型中存在的气动参数不确定性、重心移动,以及执行器饱和、失效、时滞等问题,基于线性化模型设计了一种鲁棒自适应控制器。仿真表明,所设计的控制器对于系统的模型不确定性以及发动机停车等具有良好的鲁棒性,且能满足一系列的性能要求,如防止过载过大、保证跟踪性能等。文献 [114] 把高超声速飞行器的非线性模型转化为一个含有参数不确定性、函数不确定性以及外部扰动的多变量线性系统,然后分别采用干扰观测器和神经网络方法来估计外部扰动以及函数不确定性的信息,进而设计了一个鲁棒控制器。文献 [115] 针对高超声速飞行器的非线性模型,采用反馈线性化方法得到一个含有不确定性的线性化模型,然后结合线性二次型调节控制方法设计了一个非线性鲁棒控制器。

采用线性化方法的优势是通过对非线性模型进行线性化处理后,便可以采用成熟的线性系统的控制设计方法进行高超声速飞行器的控制系统设计。但是,由于高超声速飞行器的飞行速度快、飞行包线大、飞行环境复杂,线性化方法很难从全局的角度对系统的稳定性进行考虑。另外,非线性控制方法往往主要考虑飞行器在整个过程中的飞行稳定性,却很少能兼顾其飞行性能要求。

增益协调 (也称增益调度) 是一种常用的控制设计方法,主要用来处理非线性/时变系统的控制器设计问题。该方法是线性控制和非线性控制之间的一座 "桥梁",它能对控制系统的稳定性和性能进行综合考虑。增益协调控制可分为传统增益协调控制和线性参变 (LPV) 控制两个研究方向。

采用增益协调控制方法解决高超声速飞行器的控制问题已有许多研究成果。这些成果主要是基于 LPV 控制技术展开的。文献 [116] 针对高超声速飞行器提出了一种多胞 LPV 增益协调状态反馈 H_∞ 控制器设计方法，控制器可在线调节增益，保证闭环系统的鲁棒稳定性。文献 [117] 建立了高超声速飞行器的 LPV 模型，设计了增益随着动压和马赫数进行调度的增益协调控制器，解决了高超声速飞行器大跨度机动飞行控制问题。文献 [118] 针对高超声速飞行器存在复杂气动特性和严重参数不确定性的纵向非线性模型，提出了一种基于 LPV 的鲁棒增益协调控制方法。文献 [119] 给出了高超声速飞行器的一种 LPV 鲁棒控制算法，该算法可以有效处理建模不确定性和控制输入的饱和问题。文献 [120]、[121] 建立了考虑弹性模态的高超声速飞行器的 LPV 模型，并设计了以速度和高度为协调变量的增益协调控制器。文献 [122] 针对弹性高超声速飞行器，建立了过驱动 LPV 系统，设计增益协调控制器，实现了对参考速度和参考高度的良好跟踪。文献 [123] 针对弹性高超声速飞行器，建立了 LPV 模型，并提出了一种增益协调 H_∞ 控制器设计方法。文献 [124] 把吸气式高超声速飞行器模型转换为一个 LPV 系统，基于参考模型得到了跟踪误差模型，并设计了输出反馈跟踪控制器，保证了跟踪误差系统的鲁棒稳定性。文献 [125] 针对高超声速再入飞行器，建立了控制系统的 LPV 模型，并设计了鲁棒跟踪控制器，通过设计带有参数的参考跟踪模型保证了自动驾驶仪的瞬态性能。文献 [126] 针对高超声速飞行器，基于 LPV 控制技术设计了增益协调动态输出反馈控制器，实现了对速度和高度参考轨迹的跟踪，并讨论了系统的鲁棒稳定性。增益协调框架下的切换多胞系统方法在建模方法上与 LPV 类似，且继承了传统增益协调方法的设计经验，也被应用于高超声速飞行器控制系统的设计中。文献 [127] 设计了一种保证大包线稳定飞行的高超声速飞行器多回路切换多胞自适应增益协调跟踪控制器。文献 [128] 给出了一种新的基于切换多胞系统的鲁棒控制方法，将高超声速飞行器包线范围内的飞行动态建模为切换多胞系统，采用参数依赖多胞 Lyapunov 函数，给出了使系统渐近稳定的控制器设计方法。文献 [129] 针对切换 LPV 系统，分析了其在典型切换信号和模态依赖平均驻留时间切换下的稳定性和 H_∞ 控制问题，并利用切换 LPV 系统建模与控制设计方法解决了高超声速飞行器的指令跟踪控制问题。更多的关于 LPV 控制技术应用于高超声速飞行器的研究成果，可参考文献 [130]∼[136]。

目前，基于 LPV 技术的高超声速飞行器控制研究主要集中于高超声速飞行器的纵向控制系统设计。对于高超声速飞行器横向的多输入多输出控制系统的 LPV 控制器设计还有待深入研究。

5. 其他控制方法

除了以上重点介绍的几种控制方法之外，越来越多的非线性控制方法，如反步法 (backstepping)[137–140]、动态逆方法 [141–144]、智能控制方法 [145,146] 等都被应用于高超声速飞行器的控制系统设计研究中，并取得了良好的控制效果。下面主要介绍研究较多的反步法和动态逆方法。

1) 反步法

反步法将高阶非线性系统转化为严格反馈形式,并将其分解为一系列的子系统,然后基于 Lyapunov 稳定性理论逐级设计虚拟控制器直至得到实际的控制器,从而可以保证闭环系统的稳定性。文献 [137] 针对高超声速飞行器的非线性模型,设计了一种鲁棒自适应 backstepping 控制器,该控制器采用指令滤波的方法来简化计算,通过自适应律来估计系统中的不确定参数。文献 [138] 针对高超声速飞行器控制中存在的强非线性、强耦合、参数摄动以及非匹配扰动问题,结合 backstepping 方法和非线性干扰观测器,设计了一种复合鲁棒控制器。backstepping 方法的缺点是随着系统阶次的增加会出现 "计算膨胀" 的不利现象,因此,能够克服该缺点的动态面控制方法被引入高超声速飞行器的控制设计中。文献 [139] 针对高超声速飞行器模型中存在的参数不确定性以及输入饱和问题,采用动态面控制方法,设计了一种鲁棒自适应控制器。文献 [140] 把高超声速飞行器的数学模型转化为含有不确定性的严反馈形式,并结合动态面控制方法和自适应神经网络方法对其设计了一种鲁棒控制器。

2) 动态逆方法

动态逆方法将一个系统的非线性部分通过引入一个适当的非线性输入来加以抵消,并用一个期望的动态模型 (通常为线性的) 来代替,是一种精确反馈线性化方法,因此应用比较广泛。文献 [141] 针对高超声速飞行器纵向动态模型中含有的气动参数不确定性以及转动惯量不确定性,给出了一种飞行控制的鲁棒性指标,并结合非线性动态逆方法设计了一种鲁棒控制器。文献 [142] 基于高超声速飞行器面向控制的模型,采用自适应动态逆方法设计了一种非线性鲁棒自适应控制器,该控制器对于模型的参数不确定性和扰动具有较强的鲁棒性。文献 [143] 针对高超声速飞行器,采用鲁棒动态逆控制方法设计了一种非线性控制器来处理姿态系统中的大不确定性以及强耦合问题。与传统的动态逆控制方法相比,所设计的姿态控制系统具有更好的跟踪性能。文献 [144] 采用非线性有限时间干扰观测器来估计系统的外部扰动,并结合动态逆控制方法设计了一种鲁棒飞行控制器,该控制器对于系统的扰动具有良好的抑制能力。

各种控制方法在实际应用中各有优缺点,面对高超声速飞行器日益复杂的控制任务需求,如何将不同方法相融合,充分发挥各自优点,实现组合智能的飞行控制也是当前关注的焦点和发展趋势。

1.3   增益协调鲁棒参数化控制方法概述

1.3.1   鲁棒参数化控制设计方法

控制系统设计的鲁棒参数化方法是由段广仁教授基于线性系统特征结构配置理论提出来的。众所周知，对于定常线性系统，系统的动态响应完全由系统的特征结构 (包括特征值和特征向量) 来决定。因此，可以通过配置闭环系统的特征结构使得闭环系统具有期望性能，从而达到预定的设计要求。下面对鲁棒参数化控制设计方法的发展进行简要介绍。

20 世纪 60 年代初期，Kalman 将状态空间法引入控制理论中 [147,148]，这是控制理论发展的一个重要里程碑，实现了从古典控制理论向现代控制理论的跨越，也为多输入多输出系统的分析和控制设计提供了更有效的工具。20 世纪 70 年代，人们发现多变量线性系统极点配置问题的解具有不唯一性，于是尝试利用其中的自由度来考虑鲁棒控制器的设计问题。为了深入揭示极点配置问题中的自由度，更加清晰地表征线性反馈系统的结构，并考虑到特征值和特征向量对系统瞬态响应和稳态响应的影响，人们在极点配置的基础上进一步提出了特征结构配置的概念，其目的是在控制系统设计时使闭环系统的极点位于一组期望极点的同时，也使闭环系统的特征向量为一组期望的特征向量。文献 [149] 基于零空间法给出了多变量线性系统对于闭环系统具有预定 Jordan 标准型、特征向量和广义特征向量时的特征结构配置算法。文献 [150]、[151] 利用自由参数构造了理想特征向量集，通过研究不同的 Jordan 标准型力图使所有的控制器特征化，并进一步研究了参数化控制设计问题。其作者还将这些结果推广到输出反馈 [152] 情形和广义系统 [153]，以及特征向量灵敏度问题 [154,155] 等。此外，文献 [156]、[157] 还考虑了广义系统的输出反馈配置特征结构问题，在要求闭环系统有穷特征值互异的基础上，给出了配置与有穷特征值对应的部分左右闭环特征向量的方法。这些早期结果从闭环特征多项式入手进行研究，所给出的算法难以进一步拓广。它们的一个普遍特点是需要事先给定闭环系统极点，并且对极点有一定的约束，因此，当极点位置发生变化时需重新进行控制设计。此外，这些算法还存在数值稳定性差和自由度不完备等缺点。20 世纪 90 年代，段广仁教授给出了在线性系统特征结构配置问题中起基础作用的 Sylvester 矩阵方程的完全参数化解，在此基础上，提出了控制系统设计的参数化方法，并对其进行了系统而深入的研究。

参数化控制设计方法的基本思想是，首先建立满足闭环控制系统某项主要指标 (一般为稳定性) 的所有控制律的完全参数化表示，然后通过选择控制律中的自由参数来满足闭环控制系统的其他性能要求。基于控制系统的参数化设计思想，段广仁教授及其合作者体系化地提出了线性系统基于状态反馈 [158−163]、输出反馈[164-168]、动态补偿[169,170] 的特征结构配置方法以及广义系统[171-178] 的特征结构配置方法,建立了解决线性系统的鲁棒极点配置、鲁棒观测器设计、鲁棒故障检测与容错控制、鲁棒模型参考输出跟踪等一系列鲁棒控制问题的一整套参数化方法。

控制系统的参数化设计方法在 Sylvester 方程完全参数化解的基础上建立了使得闭环系统相似于某指定系统的反馈控制律的完全参数化解,并严格证明了自由度的完备性。作为一种可靠、方便、简洁的控制设计方法,该方法具有如下独特优势[179]:

(1) 该方法给出了状态反馈律的非常简单、整洁的完全参数化公式。

(2) 该方法给出了由自由参数向量表征的控制系统设计中的全部自由度。在实际应用中,可以通过优化这些自由参数来使系统满足各种希望的性能,并使得各种性能得到综合优化。这一点正是参数化控制设计方法最具吸引力的地方。由于自由参数不是在控制设计之前指定,而是在控制设计的最后阶段根据闭环系统性能优化选取,因此,与其他控制设计方法相比,该方法极大地减少了控制设计的工作量。

(3) 该方法显含闭环系统的极点为自由参数,因而闭环极点也可以作为优化参数在希望的区域内参与优化,从而可以有效地改善优化的结果,提升系统的性能。

(4) 该方法的控制律形式保证了闭环系统一定为非退化的,从而具有比较好的鲁棒性。

(5) 许多鲁棒性要求 (如鲁棒极点配置等) 和一些性能要求 (如模态解耦、干扰解耦等) 都归结为对于闭环系统特征向量的要求。由于该方法同时给出了闭环特征向量的参数化表达式,为解决许多鲁棒控制系统设计问题和一些性能优化问题提供了有利条件。

(6) 该方法只依赖于一个有理分式的右互质分解或一组奇异值分解。关于右互质分解,有许多数值稳定的方法,而奇异值分解则是众所周知的数值稳定性非常好的运算,因而该方法亦具有非常好的数值稳定性。

1.3.2 增益协调鲁棒参数化方法在飞行器控制中的应用

经过 20 多年的研究,控制系统设计的鲁棒参数化方法在理论和应用上均取得了重要进展,形成了一套体系完整且实用性很强的控制系统设计理论和方法。特别地,作者所在课题组在段广仁教授的指导下对鲁棒参数化方法在飞行器控制系统设计中的应用进行了一系列深入的研究。

由于基本的鲁棒参数化方法是基于定常线性系统而得到的,而实际的飞行器控制系统则是复杂的非线性对象,因此,为了将鲁棒参数化控制方法推广到非线性系统,增益协调技术被引入,从而形成了增益协调鲁棒参数化控制方法。其工作原理是将非线性系统在多个特征点线性化，并针对每一个特征点上的线性化系统采用鲁棒参数化方法进行控制器设计从而得到局部控制器，然后按照某种增益协调策略 (如按照参数轨迹对局部控制器进行插值) 得到全局控制器。

文献 [180]、[181] 结合鲁棒参数化控制设计方法和一种新颖的增益协调策略设计了某型倾斜转弯 (BTT) 导弹的鲁棒控制器。仿真表明该结果在闭环系统稳定性和性能方面均优于传统的增益协调方法。文献 [182] 基于模型参考输出跟踪控制的参数化设计方法，采用 "前馈 + 反馈" 的控制器结构，提出了考虑导引回路动态特性的自动驾驶仪设计方法。针对 BTT 导弹多模型切换控制产生抖动的问题，文献 [183]~[185] 基于模型参考输出跟踪理论和控制系统设计的鲁棒参数化方法，通过协调选取各子系统控制律中的自由参数来抑制切换时刻的抖动，提出了可以有效抑制抖动的 BTT 导弹多模型切换控制策略。不同于文献 [183]~[185] 的结果，文献 [186]、[187] 采用对局部闭环子系统特征结构插值的方法，给出了 BTT 导弹的多模型平滑切换控制策略。针对高速再入飞行器，文献 [188] 基于模型参考输出跟踪理论和鲁棒参数化控制设计方法，设计了飞行器姿态控制系统的鲁棒控制器，实现了对于制导信号的快速、准确跟踪。文献 [189] 结合区间系统理论和鲁棒参数化方法设计了高速再入飞行器滚动通道的抗扰动控制器。仿真结果表明闭环系统在气动参数大范围变化时仍能保持良好的性能。文献 [190] 基于鲁棒参数化控制设计方法提出了导弹制导与控制系统的一体化设计方案。在此基础上，文献 [191] 进一步提出了带有落角约束的导弹制导与控制一体化设计方法。所得到的算法一方面可以保证导弹的打击精度，另一方面可以保证对目标进行垂直打击。在高超声速飞行器的控制设计方面，文献 [192] 结合模型参考输出跟踪控制的参数化设计方法和增益协调策略，对一类高超声速飞行器模型设计了爬升段的俯仰通道和偏航/滚转通道的鲁棒控制器，数值仿真结果验证了所设计的控制器的有效性。文献 [193] 利用 NASA 兰利研究中心的高超声速飞行器纵向模型，基于模型参考输出跟踪控制的参数化设计方法，给出了其鲁棒控制器的设计方法。该方法能够有效地满足闭环系统的鲁棒稳定性以及跟踪性能要求。

传统的增益协调控制技术之所以在飞行器控制领域得到了广泛应用，是因为它具备以下特点：首先，它对系统模型的依赖性低，只需利用模型的局部信息，对建模误差容忍度高，且对模型结构 (解析式或数据式) 无限制；其次，它无须知道被控对象的全部状态信息，可采用输出反馈，物理意义明确；最后，它将复杂的非线性控制问题转化为简单的线性控制问题，设计得到的控制器结构简单，易于工程实现。但是，传统的增益协调控制方法在处理复杂控制对象时也具有一定的局限性，主要体现在以下两个方面：第一，选取特征点的数量会影响控制效果，数量太小时，线性化模型不能准确描述原非线性系统，难以获得满意的控制效果，而数量太大时，控制器的计算将变得复杂，对硬件条件的需求会大幅增长，可能致使工程上实现困难；第二，该方法是从工程实践中获得的方法，对于系统的稳定性缺乏足够的理论依据，往往只能通过大量仿真实验来验证控制效果。

将鲁棒参数化控制方法和增益协调技术相结合则可以有效解决传统的增益协调控制方法的上述局限性。因为利用鲁棒参数化控制方法设计的局部控制器具有很强的稳定性和性能的鲁棒性，所以该方法对于局部线性化系统的建模误差具有很高的容忍度。因此，所需特征点的数量可以大幅减小。另外，利用鲁棒参数化控制方法提供的设计自由度进行增益协调策略的设计，可以有效地解决系统的稳定性问题。总体而言，增益协调鲁棒参数化控制方法在飞行器控制中具有良好的应用前景。

1.4 本书特色与结构安排

近年来，作者对增益协调鲁棒参数化控制方法在高超声速飞行器中的应用研究进行了深入的探索。本书正是这些研究工作的系统化总结。本书着眼于理论方法的实用化，对高超声速飞行器控制系统的增益协调鲁棒参数化设计给出了尽可能完备的基础理论、完整的设计过程和详细的设计结果，并提供了完整的鲁棒参数化控制设计软件包以及高超声速飞行器制导与控制的六自由度非线性数值仿真软件。全书共 7 章。

第 1 章为绪论，主要介绍高超声速飞行器的发展历程和控制方法研究现状，以及本书的结构安排。

第 2 章介绍控制系统的描述方法，控制系统的稳定性定义和基本定理，以及鲁棒参数化控制方法的基础理论知识。

第 3 章介绍飞行器六自由度非线性运动模型，分析、讨论高超声速飞行器的气动数据模型特性，并在此基础上建立面向控制的高超声速飞行器姿态控制系统模型。

第 4 章给出一般定常线性系统控制设计的鲁棒参数化方法的基本原理、设计流程、详细操作步骤以及相关的计算机辅助设计软件包，并以 BTT 导弹的定点控制系统设计为例给出计算机辅助设计的详细过程。

第 5 章以控制系统设计的鲁棒参数化方法为基础，给出高超声速飞行器控制系统设计的增益协调鲁棒参数化方法，着重介绍两种典型的增益协调策略：全局鲁棒参数化控制策略和增益平滑切换鲁棒参数化策略，并结合高超声速飞行器飞行轨迹上的不同阶段，给出高超声速飞行器沿弹道控制系统设计的具体过程与结果。

第 6 章建立用于高超声速飞行器制导与控制方法测试的数值仿真平台，并给出高超声速飞行器制导与控制系统的六自由度非线性数值仿真结果。仿真结果表明所设计的增益协调鲁棒参数化控制器可以使得高超声速飞行器的控制系统具有良好的稳定性和性能的鲁棒性。

第 7 章结合增益协调鲁棒参数化控制方法在高超声速飞行器上的应用，对该方法的优越性和局限性进行简要总结。

参 考 文 献

[1] 沈海军, 程凯, 杨莉. 近空间飞行器. 北京: 航空工业出版社, 2011.

[2] Ley W. Rockets Missiles and Men in Space. New York:Viking Press, 1968.

[3] Sänger E. From the silverbird to interstellar voyages. The 54th International Astronautical Congress of the International Astronautical Federation, 2003.

[4] Sänger E. Raketen-Flugtechnik. Berlin: R. Oldenbourg, 1933.

[5] Sänger E, Bredt J. A Rocket Drive for Long Range Bombers. Washington: Technical Information Branch of Navy Department, 1944.

[6] 凌云. "美利坚" 轰炸机项目 (下)——H0XVIII 飞翼轰炸机与 "银鸟" 空天轰炸机. 国际瞭望, 2006, (538): 64-69.

[7] 解发瑜, 李刚, 徐忠昌. 高超声速飞行器概念及发展动态. 推进技术, 2004, (5): 27-31.

[8] Waldman B J, Harsha P T. The first year of teaming—A progress report on X-30 vehicle. AIAA-91-5008, 1991.

[9] Voland R T, Huebner L D, McClinton C R. X-43A hypersonic vehicle technology development. Acta Astronautica, 2006, 59(1-5): 181-191.

[10] Rogers R C, Shih A T, Hass N E. Scramjet development tests supporting the mach 10 flight of the X-43. AIAA-2005-3351, 2005.

[11] 沈剑, 王伟. 国外高超声速飞行器研制计划. 飞航导弹, 2006, (8): 1-9.

[12] 陈英硕, 叶蕾, 苏鑫鑫. 国外吸气式高超声速飞行器发展现状. 飞航导弹, 2008, (12): 25-32.

[13] Richalet J, Rault A, Testud J L, et al. Model predictive heuristic control: Applications to industrial processes. Automatica, 1978, 14(5): 413-428.

[14] Cutler C R, Ramaker B L. Dynamic matrix control—A computer control algorithm. Joint Automatic Control Conference, 1980, (17): 72.

[15] Rouhani R, Mehra R K. Model algorithm control (MAC): Basic theoretical properties. Automatica, 1982, 18(4): 401-414.

[16] Clarke D W, Monhtadl C, Tuffs P S. Generalized predictive control. Automatica, 1987, 23(2): 137-162.

[17] 张日东. 非线性预测控制及应用研究. 杭州: 浙江大学博士学位论文, 2007.

[18] Li N, Li S Y, Xi Y G. Multiple model predictive control for MIMO system. Acta Automatica Sinica, 2003, 29(4): 516-523.

[19] 张军, 肖余之, 毕贞法. 基于多模型预测的再入飞行器制导方法. 航空学报, 2008, 29(增): S20-S25.

[20] Kurtz M J, Henson M A. Input-output linearizing control of constrained nonlinear processes. Journal of Process Control, 1997, 7(1): 3-17.

[21] 许志, 唐硕, 原树兴. 反馈线性化及模型预测方法的 RLV 再入控制策略. 火力与指挥控制, 2011, 36(2): 144-147, 151.

[22] Zhu X F. Nonlinear predictive control based on Hammerstein models. Control Theory and Application, 1994, 11(5): 564-575.

[23] Doyle F J, Ogunnaike B A, Pearson R K. Nonlinear model-based control using second-order Volterra models. Automatica, 1995, 31(5): 697-714.

[24] Ania L C, Osvaldo E, Agamennoni J L. A nonlinear model predictive control system based on Wiener piecewise linear models. Journal of Process Control, 2003, 13: 655-666.

[25] Sarimveis H, Bafas G. Fuzzy model predictive control of non-linear processes using genetic algorithms. Fuzzy Sets and Systems, 2003, 139(1): 59-80.

[26] 方炜, 姜长生. 基于自适应模糊系统的空天飞行器非线性预测控制. 航空学报, 2008, 29(4): 988-994.

[27] Miguel A B, Ton J J, van Den B. Predictive control based neural network model with I/O feedback linearization. International Journal of Control, 1999, 72(17): 1358-1554.

[28] Bao Z J, Sun Y X. Support vector machine-based multi-modelpredictive control. Journal of Control Theory and Application, 2008, 6(3): 305-310.

[29] Chen W H, Ballance D J, Gawthrop P J. Optimal control of nonlinear systems: A predictive control approach. Automatica, 2003, 39(4): 633-641.

[30] 修观, 王良明. 远程制导炮弹非线性模型预测控制器设计. 弹道学报, 2011, 23(2): 28-32.

[31] 修观, 王良明. 制导炮弹姿态非线性模型预测控制仿真分析. 南京理工大学学报 (自然科学版), 2011, 35(1): 66-71.

[32] 修观, 王良明, 郭志强. 一种滑翔增程弹非线性模型预测控制方法. 南京理工大学学报, 2011, 35(5): 604-609.

[33] 程路, 姜长生, 都延丽, 等. 一类不确定系统基于滑模干扰补偿的广义预测控制. 控制理论与应用, 2010, 27(2): 175-180.

[34] 程路, 姜长生, 都延丽, 等. 基于滑模干扰观测器的近空间飞行器非线性广义预测控制. 宇航学报, 2010, 31(2): 423-431.

[35] Recasens J J, Chu Q P, Mulder J A. Robust model predictive control of a feedback linearized system for a lifting-body re-entry vehicle. AIAA-2005-6147, 2005.

[36] Richards A, How J P. Implementation of robust decentralized model predictive control. AIAA-2005-6366, 2005.

[37] Slegers N, Kyle J, Costello M. Nonlinear model predictive control technique for unmanned air vehicles. Journal of Guidance, Control, and Dynamics, 2006, 29(5): 1179-1188.

[38] Oort E R, Chu Q P, Mulder J A, et al. Robust model predictive control of a feedback linearized nonlinear F-16/MATV aircraft model. AIAA-2006-6318, 2006.

[39] 方炜, 姜长生, 朱亮. 空天飞行器再入制导的预测控制. 宇航学报, 2006, 27(6): 1216-1222.

[40] 方炜, 姜长生. 空天飞行器再入过程姿态预测控制律设计. 系统工程与电子技术, 2007, 29(8): 1317-1321.

[41] Vaddi S S, Sengupta P. Controller design for hypersonic vehicles accommodating nonlinear state and control constraints. AIAA-2009-6286, 2009.

[42] 邵晓巍, 张军, 牛云涛. 高超飞行器的非线性预测姿态控制. 弹道学报, 2009, 21(4): 42-46.

[43] 李正强, 张怡哲, 邓建华, 等. 基于模型预测控制的非线性飞行控制系统研究. 飞行力学, 2009, 27(1): 27-30.

[44] Du Y L, Wu Q X, Jiang C S. Adaptive predictive control of near-space vehicle using functional link network. Transactions of Nanjing University of Aeronautics and Astronautics, 2010, 27(2): 148-154.

[45] Cheng L, Jiang C S, Pu M. Online-SVR-compensated nonlinear generalized predictive control for hypersonic vehicles. Science China Information Science, 2011, 54(3): 551-562.

[46] 程路, 姜长生, 文杰. 近空间飞行器飞/推一体化模糊自适应广义预测控制. 系统工程与电子技术, 2001, 33(1): 127-133.

[47] Xu H J, Mirmirani M. Robust adaptive sliding control for a class of MIMO nonlinear systems. AIAA-2001-4168, 2001.

[48] Xu H J, Mirmirani M, Ioannou P A. Adaptive sliding mode control design for a hypersonic flight vehicle. Journal of Guidance, Control and Dynamics, 2004, 27(5): 829-838.

[49] Ahn C I, Kim Y, Kim H. Adaptive sliding mode controller design for fault tolerant flight control system. AIAA-2006-6089, 2006.

[50] 杨俊春, 胡军, 吕孝乐. 高超声速飞行器再入段滑模跟踪控制设计. 第 26 届中国控制会议, 2007: 2-5.

[51] Lee K, Ramasamy S, Singh S. Adaptive sliding mode 3-D trajectory control of F/A-18 model via SDU decomposition. AIAA-2008-6460, 2008.

[52] 黄国勇, 姜长生, 王玉惠. 基于快速模糊干扰观测器的 UASV 再入 Terminal 滑模控制. 宇航学报, 2007, 28(2): 292-297.

[53] 黄国勇, 姜长生, 王玉惠. 自适应 Terminal 滑模控制及其在 UASV 再入中的应用. 控制与决策, 2007, 22(11): 1297-1301.

[54] 黄国勇, 姜长生, 薛雅丽. 新型自适应 Terminal 滑模控制及其应用. 航空动力学报, 2008, 23(1): 156-162.

[55] 黄国勇, 姜长生, 王玉惠. 基于自适应 Terminal 滑模的空天飞行器再入控制. 系统工程与电子技术, 2008, 30(2): 304-307.

[56] Shtessel Y, Tournes C. Integrated higher-order sliding mode guidance and autopilot for dual-control missiles. Journal of Guidance, Control, and Dynamics, 2009, 32(1): 79-94.

[57] 李惠峰, 孙文冲. 基于指数趋近律的高超声速飞行器滑模控制器设计. 空间控制技术与应用, 2009, 35(4): 39-43.

[58] 张军, 姜长生. 基于复杂干扰估计的高速 NSV 鲁棒自适应模糊 Terminal 滑模控制. 宇航学报, 2009, 30(5): 1896-1901.

[59] 张军, 姜长生, 文杰. 近空间飞行器的 DSF: vsat 鲁棒快速 Terminal 滑模控制. 西安交通大学学报, 2009, 43(3): 110-115.

[60] Wang T, Xie W F, Zhang Y M. Adaptive sliding mode fault tolerant control of civil aircraft with separated uncertainties. AIAA-2010-945, 2010.

[61] Stott J, Shtessel Y. Launch vehicle attitude control using higher order sliding modes. AIAA-2010-7724, 2010.

[62] Harl N, Balakrishnan S N. Reentry terminal guidance through sliding mode control. Journal of Guidance, Control, and Dynamics, 2010, 33(1): 186-199.

[63] 蒲明, 吴庆宪, 姜长生, 等. 基于非线性干扰观测器的二阶动态 Terminal 滑模在近空间飞行器控制中的应用. 东南大学学报 (自然科学版), 2009, 39(S1): 68-75.

[64] 蒲明, 吴庆宪, 姜长生, 等. 基于二阶动态 Terminal 滑模的近空间飞行器控制. 宇航学报, 2010, 31(4): 1056-1062.

[65] 蒲明, 吴庆宪, 姜长生, 等. 自适应二阶动态 Terminal 滑模在近空间飞行器控制中的应用. 航空动力学报, 2010, 25(5): 1169-1176.

[66] 蒲明, 吴庆宪, 姜长生, 等. 新型快速 Terminal 滑模及其在近空间飞行器上的应用. 航空学报, 2011, 32(7): 1283-1291.

[67] 朱纪立, 刘向东, 王亮, 等. 巡航段高超声速飞行器的高阶指数时变滑模飞行控制器设计. 宇航学报, 2011, 32(9): 1945-1952.

[68] 王亮, 刘向东, 盛永智, 等. 基于指数时变滑模的再入飞行器控制系统设计. 飞行力学, 2012, 30(6): 532-536.

[69] 王亮, 刘向东, 盛永智, 等. 基于扰动观测器的指数时变滑模再入姿态控制. 中国空间科学技术, 2013, 33(4): 31-39.

[70] 王亮, 刘向东, 盛永智, 等. 基于扰动观测器的巡航飞行器指数时变滑模控制. 宇航学报, 2013, 34(8): 1091-1099.

[71] 耿洁, 刘向东, 王亮. 高超声速飞行器的动态滑模飞行控制器设计. 兵工学报, 2012, 32(3): 307-312.

[72] Wang L, Sheng Y Z, Liu X D. SDRE based adaptive optimal sliding mode control for re-entry vehicle. The 32nd Chinese Control Conference, 2013: 435-440.

[73] 耿洁, 刘向东, 盛永智, 等. 飞行器再入段最优自适应积分滑模姿态控制. 宇航学报, 2013, 34(9): 1215-1223.

[74] Geng J, Sheng Y Z, Liu X D. Second-order time-varying sliding mode control for reentry vehicle. International Journal of Intelligent Computing and Cybernetics, 2013, 6(3): 272-295.

[75] Geng J, Sheng Y Z, Liu X D, et al. The SDRE based second order integral sliding mode control for attitude of reentry vehicle. The 32nd Chinese Control Conference, 2013: 441-446.

[76] Geng J, Sheng Y Z, Liu X D. Finite-time sliding mode attitude control for a reentry ve-
      hicle with blended aerodynamic surfaces and a reaction control system. Chinese Journal
      of Aeronautics, 2014, 27(4): 964-976.

[77] 王亮, 刘向东, 盛永智. 基于高阶滑模观测器的自适应时变滑模再入姿态控制. 控制与决
      策, 2014, 29(2): 281-286.

[78] Wang L, Sheng Y Z, Liu X D. Continuous time-varying sliding mode based attitude
      control for reentry vehicle. Proceedings of the Institution of Mechanical Engineers, Part
      G: Journal of Aerospace Engineering, 2014, 229(2): 197-220.

[79] Wang L, Sheng Y Z, Liu X D. High-order sliding mode attitude controller design for
      reentry flight. Journal of Systems Engineering and Electronics, 2014, 5(5): 848-858.

[80] Zhao Y, Sheng Y Z, Liu X D. Sliding mode control based guidance law with impact
      angle constraint. Chinese Journal of Aeronautics, 2014, 1(1): 145-152.

[81] Zhao Y, Chen J B, Sheng Y Z. Terminal impact angle constrained guidance laws using
      state-dependent Riccati equation approach. Proceedings of the Institution of Mechanical
      Engineers, Part G: Journal of Aerospace Engineering, 2014, 229: 1616-1630.

[82] Zhao Y, Sheng Y Z, Liu X D. Unpowered landing guidance with large initial condition
      errors. 2014 IEEE Chinese Guidance, Navigation and Control Conference, 2014: 1862-
      1867.

[83] Huang Y, Xu K K, Han J Q, et al. Flight control design using extended state observer
      and non-smooth feedback. The 40th IEEE Conference on Decision and Control, 2001:
      223-228.

[84] 徐颖珊, 孙明玮. 自抗扰控制在飞航导弹上的应用背景研究. 战术导弹控制技术, 2008,
      30(2): 8-11.

[85] Sun M W, Chen Z Q, Yuan Z Z. A practical solution to some problems in flight control.
      The 48th IEEE Conference on Decision and Control, 2009: 1482-1487.

[86] Sun M W, Wang Z H, Chen Z Q. Practical solution to attitude control within wide
      envelope. Aircraft Engineering and Aerospace Technology, 2014, 86(2): 117-128.

[87] Talole S E, Godbole A A, Kolhe J P. Robust roll autopilot design for tactical missiles.
      Journal of Guidance, Control, and Dynamics, 2011, 34(1): 107-117.

[88] Godbole A A, Libin T R, Talole S E. Extended state observer based robust pitch autopi-
      lot design for tactical missiles. Proceedings of the Institution of Mechanical Engineers,
      Part G: Journal of Aerospace Engineering, 2012, 226(12): 1482-1501.

[89] Priyamvada K S, Olikal V, Talole S E, et al. Robust height control system design
      for sea-skimming missiles. Journal of Guidance, Control, and Dynamics, 2011, 34(6):
      1746-1756.

[90] 孙明玮, 徐琦, 陈增强, 等. 自抗扰三回路过载驾驶仪的设计. 北京理工大学学报, 2015,
      35(6): 592-596.

[91] 杨瑞光, 孙明玮, 陈增强. 飞行器自抗扰姿态控制优化与仿真研究. 系统仿真学报, 2010, 22(11): 2689-2693.

[92] 陈新龙, 杨涤, 耿斌斌. 自抗扰控制技术在某型导弹上的应用. 飞行力学, 2006, 24(1): 81-84.

[93] 熊治国, 孙秀霞, 胡孟权. 超机动飞机自抗扰控制律设计与仿真. 系统仿真学报, 2006, 18(8): 2222-2226.

[94] 宋志国. 高超声速飞行器自抗扰姿态控制研究. 哈尔滨: 哈尔滨工业大学硕士学位论文, 2011.

[95] 秦昌茂. 高超声速飞行器分数阶 PID 及自抗扰控制研究. 哈尔滨: 哈尔滨工业大学博士学位论文, 2011.

[96] 秦昌茂, 齐乃明, 朱凯. 高超声速飞行器自抗扰姿态控制器设计. 系统工程与电子技术, 2011, 33(7): 1607-1610.

[97] 孙明玮, 焦纲领, 杨瑞光, 等. 滑翔飞行器阻力–能量剖面的自抗扰跟踪. 第 29 届中国控制会议, 2010: 3260-3264.

[98] Li S L, Yang X, Yang D. Active disturbance rejection control for high pointing accuracy and rotation speed. Automatica, 2009, 45(8): 1854-1860.

[99] Sun M W, Wang Z H, Wang Y K, et al. On low-velocity compensation of brushless DC servo in the absence of friction model. IEEE Transactions on Industrial Electronics, 2013, 60(9): 3897-3905.

[100] Wang Y K, Sun M W, Wang Z H, et al. A novel disturbance observer based friction compensation scheme for ball and plate system. ISA Transactions, 2014, 53(2): 671-678.

[101] Qiu D M, Sun M W, Wang Z H, et al. Practical wind-disturbance rejection for large deep space observatory antenna. IEEE Transactions on Control Systems Technology, 2014, 22(5): 1983-1990.

[102] 孙明玮, 焦纲领, 杨瑞光, 等. 自抗扰控制在飞行器控制与制导上的应用与分析: 不同时间尺度问题的摸索. 第 29 届中国控制会议, 2010: 6167-6172.

[103] Zheng Q, Gao L Q, Gao Z Q. On stability analysis of active disturbance rejection control for nonlinear time-varying plants with unknown dynamics. The 46th IEEE Conference on Decision and Control, 2007: 3501-3506.

[104] Guo B Z, Zhao Z L. On the convergence of an extended state observer for nonlinear systems with uncertainty. System and Control Letters, 2011, 60(6): 420-430.

[105] Zheng Q, Gao L Q, Gao Z Q. On validation of extended state observer through analysis and experimentation. Journal of Dynamic Systems, Measurement, and Control, 2012, 134(2): 024505.

[106] Guo B Z, Zhao Z L. On convergence of non-linear extended state observer for multi-input multi-output systems with uncertainty. IET Control Theory and Applications, 2012, 6(15): 2375-2386.

[107] Guo B Z, Zhao L L. On convergence of the nonlinear active disturbance rejection control for MIMO systems. SIAM Journal of Control and Optimization, 2013, 51(2): 1727-1757.

[108] 陈增强, 孙明玮, 杨瑞光. 线性自抗扰控制器的稳定性研究. 自动化学报, 2013, 39(5): 574-580.

[109] 徐琦, 孙明玮, 陈增强, 等. 内模控制框架下时延系统扩张状态观测器参数整定. 控制理论与应用, 2013, 30(12): 1642-1645.

[110] 孟中杰, 符文星, 陈凯, 等. 高超声速飞行器鲁棒控制器设计. 弹箭与制导学报, 2009, 29(2): 12-15.

[111] Liu Y. Nonlinear fuzzy robust adaptive control of a longitudinal hypersonic aircraft model. IEEE International Conference on Artificial Intelligence and Computational Intelligence, 2009, 4: 31-35.

[112] Hu Y N, Yuan Y, Min H B, et al. Multi-objective robust control based on fuzzy singularly perturbed models for hypersonic vehicles. Science China Information Sciences, 2011, 54(3): 563-576.

[113] Gibson T E, Crespo L G, Annaswamy A M. Adaptive control of hypersonic vehicles in the presence of modeling uncertainties. American Control Conference, 2009: 3178-3183.

[114] Chen M, Jiang C S, Wu Q X. Disturbance observer based robust flight control for hypersonic vehicles using neural networks. Advanced Science Letters, 2011, 4(4-5): 1771-1775.

[115] Rehman O U, Petersen I R, Fidan B. Feedback linearization-based robust nonlinear control design for hypersonic flight vehicles. Proceedings of the Institution of Mechanical Engineers, Part I: Journal of Systems and Control Engineering, 2013, 227(1): 3-11.

[116] 王明昊, 刘刚, 赵鹏涛, 等. 高超声速飞行器的 LPV 变增益状态反馈 H_∞ 控制. 宇航学报, 2013, 34(4): 488-495.

[117] 葛东明. 临近空间高超声速飞行器鲁棒变增益控制. 哈尔滨: 哈尔滨工业大学, 2011.

[118] 秦伟伟, 郑志强, 刘刚, 等. 高超声速飞行器的 LPV 鲁棒变增益控制. 系统工程与电子技术, 2011, 33(6): 1327-1331.

[119] 黄显林, 葛东明. 输入受限高超声速飞行器鲁棒变增益控制. 系统工程与电子技术, 2011, 33(8): 1829-1836.

[120] Huang Y Q, Sun C Y, Qian C S, et al. Polytopic LPV modeling and gain-scheduled switching control for a flexible air-breathing hypersonic vehicle. Journal of Systems Engineering and Electronics, 2013, 24(1): 118-127.

[121] Sun C Y, Huang Y Q, Qian C S, et al. On modeling and control of a flexible air-breathing hypersonic vehicle based on LPV method. Frontiers of Electrical and Electronic Engineering, 2012, 7(1): 56-68.

[122] Sigthorsson D O, Serrani A, Bolender M, et al. LPV control design for over-actuated hypersonic vehicles models. AIAA-2009-6280, 2009.

[123] Hughes H D. LPV H-Infinity Control for the Longitudinal Dynamics of a Flexible Air-Breathing Hypersonic Vehicle. Rowley: North Carolina State University, 2010.

[124] Wu L G, Yang X B, Li F B. Nonfragile output tracking control of hypersonic air-breathing vehicles with an LPV model. IEEE/ASME Transactions on Mechatronics, 2013, 18(4): 1280-1288.

[125] Cai G H, Song J M, Chen X X. Robust LPV autopilot design for hypersonic reentry vehicle. Aircraft Engineering and Aerospace Technology, 2014, 86(5): 423-431.

[126] Cai G B, He H F, Han X J, et al. Gain-scheduled H_2 tracking control of flexible air-breathing hypersonic vehicles with an LPV model. The 34th Chinese Control Conference, 2015: 901-906.

[127] 后德龙, 王青, 董朝阳, 等. 高超声速飞行器切换多胞系统自适应跟踪控制. 系统工程与电子技术, 2014, (5): 926-933.

[128] 吴振东, 王青, 董朝阳, 等. 基于切换多胞系统的高超声速飞行器鲁棒控制. 哈尔滨工业大学学报, 2013, 45(12): 99-104.

[129] 卢秋岗. 切换 LPV 系统控制及在高超声速飞行器中的应用. 哈尔滨: 哈尔滨工业大学硕士学位论文, 2013.

[130] Huang Y Q, Sun C Y, Qian C S, et al. Non-fragile switching tracking control for a flexible air-breathing hypersonic vehicle based on polytopic LPV model. Chinese Journal of Aeronautics, 2013, 26(4): 948-959.

[131] Wang M H, Liu G, Zhao P T, et al. Variable gain state feedback H_∞ control for hypersonic vehicle based on LPV. Journal of Astronautics, 2013, 34(4): 488-495.

[132] Lan X J, Wang Y J, Liu L. Dynamic decoupling tracking control for the polytopic LPV model of hypersonic vehicle. Science China: Information Sciences, 2015, 58(9): 1-14.

[133] Qin W W, Zheng Z Q, Zhang L, et al. Robust model predictive control for hypersonic vehicle based on LPV. IEEE International Conference on Information and Automation, 2010: 1012-1017.

[134] Bhat S, Lind R. Linear parameter-varying control for variations in thermal gradients across hypersonic vehicles. AIAA-2009-5952, 2009.

[135] Lu C K, Zhong D D, Yu W W, et al. Robust gain scheduling control of air-breathing hypersonic vehicle via linear parameter varying technique. IEEE International Symposium on Knowledge Acquisition and Modeling, 2008: 734-737.

[136] 张增辉, 杨凌宇, 申功璋. 高超声速飞行器大包线切换 LPV 控制方法. 航空学报, 2012, 33(9): 1706-1716.

[137] 黄喜元, 王青, 董朝阳. 基于 Backstepping 的高超声速飞行器鲁棒自适应控制. 系统工程与电子技术, 2011, 33(6): 1321-1326.

[138] Sun H B, Li S H, Yang J, et al. Non-linear disturbance observer-based back-stepping control for airbreathing hypersonic vehicles with mismatched disturbances. IET Control Theory and Applications, 2014, 8(17): 1852-1865.

[139] Xu B, Huang X Y, Wang D W, et al. Dynamic surface control of constrained hypersonic flight models with parameter estimation and actuator compensation. Asian Journal of Control, 2014, 16(1): 162-174.

[140] Butt W A, Yan L, Kendrick A S. Robust adaptive dynamic surface control of a hypersonic flight vehicle. The 49th IEEE Conference on Decision and Control, 2010: 3632-3637.

[141] Wang Q, Stengel R F. Robust nonlinear control of a hypersonic aircraft. Journal of Guidance, Control, and Dynamics, 2000, 23(4): 577-585.

[142] Fiorentini L, Serrani A, Bolender M A, et al. Nonlinear robust adaptive control of flexible air-breathing hypersonic vehicles. Journal of guidance, control, and dynamics, 2009, 32(2): 402-417.

[143] Liu X D, Zhang Y, Wang S, et al. Backstepping attitude control for hypersonic gliding vehicle based on a robust dynamic inversion approach. Proceedings of the Institution of Mechanical Engineers, Part I: Journal of Systems and Control Engineering, 2014, 228(8): 543-552.

[144] Yang J, Li S H, Sun C Y, et al. Nonlinear-disturbance-observer-based robust flight control for airbreathing hypersonic vehicles. IEEE Transactions on Aerospace and Electronic Systems, 2013, 49(2): 1263-1275.

[145] Xue Y L, Jiang C S. Trajectory linearization control of an aerospace vehicle based on RBF neural network. Journal of Systems Engineering and Electronics, 2008, 19(4): 799-805.

[146] Wang Y H, Wu Q X, Jiang C S, et al. Guaranteed cost fuzzy output feedback control via LMI method for re-entry attitude dynamics. Journal of Uncertain Systems, 2007, 1(4): 291-302.

[147] Kalman R E, Bucy R S. New results in linear filtering and prediction theory. Transactions of the ASME-Journal of Basic Engineering, 1961, 83(1): 95-108.

[148] Kalman R E. A new approach to linear filtering and prediction problems. Transactions of the ASME-Journal of Basic Engineering, 1960, 82 (1): 35-45.

[149] Porter B, D'azzo J J. Closed-loop eigenstructure assignment by state feedback in multivariable linear systems. International Journal of Control, 1978, 27(3): 487-492.

[150] Fahmy M M, O'Reilly J. On eigenstructure assignment in linear multivariable systems. IEEE Transactions on Automatic Control, 1982, 27(3): 690-693.

[151] Fahmy M M, O'Reilly J. Eigenstructure assignment in linear multivariable systems-A parametric solution. IEEE Transactions on Automatic Control, 1983, 28(10): 990-994.

[152] Fahmy M M, O'Reilly J. Parametric eigenstructure assignment by output-feedback control: The case of multiple eigenvalues. International Journal of Control, 1988, 48(4): 1519-1535.

[153] Fahmy M M, O'Reilly J. Parametric eigenstructure assignment for continuous-time descriptor systems. International Journal of Control, 1989, 49(1): 129-143.

[154] Owens T J, O'Reilly J. Parametric state-feedback control with response insensitivity. International Journal of Control, 1987, 45(3): 791-809.

[155] Owens T J, O'Reilly J. Parametric state-feedback control for arbitrary eigenvalue assignment with minimum sensitivity. IET Control Theory and Applications, 1989, 136(6): 307-313.

[156] Fletcher L, Kautsky J, Nichols N. Eigenstructure assignment in descriptor systems. IEEE Transactions on Automatic Control, 1986, 31(12): 1138-1141.

[157] Fletcher L. Eigenstructure assignment by output feedback in descriptor systems. IET Control Theory and Applications, 1988, 135(4): 302-308.

[158] Duan G R, Wu G Y, Huang W H. Eigenstructure assignment for linear systems via state feedback. Acta Automatica Sinica, 1990, 16(6): 566-568.

[159] Duan G R. Solutions of the equation $AV + BW = VF$ and their application to eigenstructure assignment in linear systems. IEEE Transactions on Automatic Control, 1993, 38(2): 276-280.

[160] Duan G R, Liu W Q, Liu G P. Robust model reference control for multivariable linear systems subject to parameter uncertainties. Proceedings of the Institution of Mechanical Engineers, Part I: Journal of Systems and Control Engineering, 2001, 215(6): 599-610.

[161] Duan G R, Liu G P, Thompson S. Eigenstructure assignment design for proportional-integral observers: The continuous-time case. IET Control Theory and Applications, 2001, 148(3): 263-267.

[162] Duan G R. Two parametric approaches for eigenstructure assignment in second-order linear systems. Journal of Control Theory and Applications, 2003, 1(1): 59-64.

[163] Duan G R. Parametric approaches for eigenstructure assignment in high-order linear systems. International Journal of Control, Automation, and Systems, 2005, 3(3): 419-429.

[164] Duan G R. Simple algorithm for robust eigenvalue assignment in linear output feedback. IET Control Theory and Applications, 1992, 39(5): 465-469.

[165] Duan G R. Eigenstructure assignment by decentralized output feedback—a complete parametric approach. IEEE Transactions on Automatic Control, 1994, 39(5): 1009-1014.

[166] Duan G R, Liu G P, Thompson S. Disturbance decoupling in descriptor systems via output feedback—A parametric eigenstructure assignment approach. The 39th IEEE Conference on Decision and Control, 2000: 3660-3665.

[167] Duan G R. Parametric eigenstructure assignment via output feedback based on singular value decompositions. IET Control Theory and Applications, 2003, 150(1): 93-100.

[168] Yu H H, Duan G R. ESA in high-order linear systems via output feedback. Asian Journal of Control, 2009, 11(3): 336-343.

[169] Duan G R. Robust eigenstructure assignment via dynamical compensators. Automatica, 1993, 29(2): 469-474.

[170] Duan G R, Irwin G W, Liu G P. Disturbance attenuation in linear systems via dynamical compensators: A parametric eigenstructure assignment approach. IET Control Theory and Applications, 2000, 147(2): 129-136.

[171] Duan G R. Solution to matrix equation AV+ BW= EVF and eigenstructure assignment for descriptor systems. Automatica, 1992, 28(3): 639-642.

[172] Duan G R. Eigenstructure assignment in descriptor linear systems by output feedback. IET Control Theory and Applications, 1995, 142(6): 611-616.

[173] Duan G R, Patton R J. Eigenstructure assignment in descriptor systems via proportional plus derivative state feedback. International Journal of Control, 1997, 68(5): 1147-1162.

[174] Duan G R. Eigenstructure assignment and response analysis in descriptor linear systems with state feedback control. International Journal of Control, 1998, 69(5): 663-694.

[175] Duan G R. Eigenstructure assignment in descriptor linear systems via output feedback. International Journal of Control, 1999, 72(4): 345-364.

[176] Duan G R, Patton R J. Robust pole assignment in descriptor linear systems via proportional plus derivative state feedback. International Journal of Control, 1999, 72(13): 1204-1217.

[177] Duan G R, Nichols N K, Liu G P. Robust pole assignment in descriptor linear systems via state feedback. European Journal of Control, 2002, 8(2): 136-149.

[178] Duan G R. Analysis and Design of Descriptor Linear Systems. New York: Springer Science & Business Media, 2010.

[179] 段广仁. 线性系统理论. 2 版. 哈尔滨: 哈尔滨工业大学出版社, 2004.

[180] Tan F, Duan G R. Global stabilizing controller design for linear time-varying systems and its application on BTT missiles. Journal of Systems Engineering and Electronics, 2008, 19(6): 1178-1184.

[181] Duan G R, Yu H H, Tan F. Parametric control systems design with applications in missile control. Chinese Control and Decision Conference, 2009: xxiv-xxxiv.

[182] Tan F, Hou M Z, Zhao H H. Autopilot design for homing missiles considering guidance loop dynamics. The 2nd International Conference on Intelligent Control and Information Processing, 2011, 1: 1-5.

[183] 穆向禹, 周获. BTT 导弹的抖动抑制多模型切换控制. 航空学报, 2002, 23(3): 268-271.

[184] 段广仁, 王好谦. 多模型切换控制及其在 BTT 导弹设计中的应用. 航空学报, 2005, 26(2): 144-147.

[185] 段广仁, 王好谦, 张焕水. 平滑切换控制律的参数化设计及其在倾斜转弯导弹中的应用. 航天控制, 2005, 23(2): 41-46.

[186] Duan G R, Tan F. A new smooth switching strategy for multi-model control and its application on a BTT missile. The 1st International Symposium on Systems and Control in Aerospace and Astronautics, 2006: 1392-1395.

[187] 郭巍, 谭峰, 段广仁. 增益调度设计的参数化方法及其在导弹控制系统中的应用. 黑龙江大学自然科学学报, 2009, 26(1): 55-59.

[188] 段广仁, 谭峰, 梁冰. 高速再入飞行器的鲁棒自动驾驶仪设计. 系统工程与电子技术, 2008, 29(11): 1908-1911.

[189] 谭峰, 段广仁, 梁冰. 高速再入导弹滚动通道抗扰设计的参数化方法. 哈尔滨工业大学学报, 2007, 39(5): 696-699.

[190] 魏毅寅, 梁冰, 谭峰, 等. 导弹俯仰通道制导与控制一体化设计. 黑龙江大学自然科学学报, 2007, 24(4): 430-434.

[191] 梁冰, 徐殿国, 段广仁. 导弹俯仰通道带有落角约束的制导与控制一体化设计. 科学技术与工程, 2008, 8(1): 70-75.

[192] Duan G R, Zhong Z. Parametric autopilot design for an air-breathing hypersonic vehicle. The 8th IEEE International Conference on Control and Automation, 2010: 52-57.

[193] 蔡光斌, 段广仁, 胡昌华, 等. Robust parametric approach for tracking control of an air-breathing hypersonic cruise vehicle. 哈尔滨工业大学学报 (英文版), 2010, (1): 58-64.

第2章 理论基础

作为准备工作，同时也为了保证本书的完备性，本章简要回顾后续各章中常用的一些基本概念和基础知识，包括线性控制系统的描述、控制系统稳定性的基本定义和基本定理，以及鲁棒参数化控制设计方法涉及的一些基础理论知识：有理分式矩阵及其互质分解、广义 Sylvester 矩阵方程和极点配置问题。对于所列的结果，本章只是给出了结论而略去了其证明。对这些知识熟悉的读者，可以直接跳过本章。

2.1 控制系统描述

在控制系统的分析与设计中，首先需要建立系统的数学模型，对所研究的对象给予适当的数学描述。常见的控制系统描述包括传递函数描述和状态空间描述。在讨论控制系统的状态空间描述之前，先简要回顾传递函数描述。

2.1.1 传递函数描述

传递函数描述的是系统的输入–输出关系。用它描述系统时，并不关注系统的内部结构信息，甚至可以假定对系统的内部结构信息一无所知，能够得到的只是系统的输入信息和输出信息。在这种情况下，系统的内部结构看起来就像一个 "黑箱" 一样。因此，传递函数描述刻画的是系统的输入–输出特性，它也被称为系统的输入–输出描述或外部描述。

使用传递函数方法描述系统所用的主要数学工具是 Laplace 变换。因此，传递函数主要用于描述定常线性系统。对于单输入–单输出定常线性系统，传递函数即为零初始条件下，输出的 Laplace 变换与输入的 Laplace 变换之比。

1. 单变量情形 —— 传递函数

已知由下列常系数微分方程描述的定常线性系统：

$$y^{(n)}(t) + a_{n-1}y^{(n-1)}(t) + \cdots + a_1\dot{y}(t) + a_0y(t)$$
$$= b_mu^{(m)}(t) + b_{m-1}u^{(m-1)}(t) + \cdots + b_1\dot{u}(t) + b_0u(t) \tag{2.1.1}$$

其中，t 表示时间；$y(t)$ 表示系统的输出；$u(t)$ 表示系统的输入；系数 a_i 和 b_j，$i = 0, 1, \cdots, n-1$，$j = 0, 1, \cdots, m$ 都是实常数。假设 $y(t)$ 以及它的 1 至 $n-1$ 阶导数和 $u(t)$ 以及它的 1 至 $m-1$ 阶导数的初始值全为零，并且令初始时刻为

$t_0 = 0$(这并不失一般性), 这时, 对方程 (2.1.1) 两边取 Laplace 变换, 得

$$\left(s^n + a_{n-1}s^{n-1} + \cdots + a_1 s + a_0\right) Y(s) = \left(b_m s^m + b_{m-1}s^{m-1} + \cdots + b_1 s + b_0\right) U(s)$$

于是有

$$\frac{Y(s)}{U(s)} = \frac{b_m s^m + b_{m-1}s^{m-1} + \cdots + b_1 s + b_0}{s^n + a_{n-1}s^{n-1} + \cdots + a_1 s + a_0}$$

其中, $Y(s)$ 和 $U(s)$ 分别为 $y(t)$ 和 $u(t)$ 的 Laplace 变换, s 为 Laplace 算子.

令

$$G(s) = \frac{b_m s^m + b_{m-1}s^{m-1} + \cdots + b_1 s + b_0}{s^n + a_{n-1}s^{n-1} + \cdots + a_1 s + a_0}$$

则称 $G(s)$ 为系统 (2.1.1) 的传递函数. 如果 $m \leqslant n$, 则 $G(s)$ 为 s 的真有理分式, 这时称系统 (2.1.1) 为物理能实现的. 一般, 人们仅关注物理能实现的系统, 即传递函数是真有理分式的系统.

多项式

$$s^n + a_{n-1}s^{n-1} + \cdots + a_1 s + a_0$$

称为系统 (2.1.1) 的特征多项式, 对应的代数方程

$$s^n + a_{n-1}s^{n-1} + \cdots + a_1 s + a_0 = 0$$

称为系统 (2.1.1) 的特征方程. 特征方程的根或者说特征多项式的零点称为系统 (2.1.1) 的极点. 多项式

$$b_m s^m + b_{m-1}s^{m-1} + \cdots + b_1 s + b_0$$

的零点称为系统 (2.1.1) 的零点. 如果系统 (2.1.1) 有相同的零点和极点, 则称这个系统有零极相消. 零极相消后剩下的系统的极点和零点分别称为传递函数 $G(s)$ 的极点和零点. 如果零极相消后剩下的系统的极点和零点都在复平面的左半开平面内, 那么称这个系统为最小相位的.

系统 (2.1.1) 的特征多项式的次数称为系统的阶. 按照这个定义, 系统 (2.1.1) 是 n 阶的. 一个系统的阶, 实际上是指刻画其动力学行为所需要的独立变量的最少个数.

用传递函数描述系统 (2.1.1) 时, 有

$$Y(s) = G(s)U(s)$$

因此, 如果给出一个传递函数, 那么就相当于确定了一个系统. 从系统的这种描述法可知, 传递函数的确刻画了系统的输入-输出关系, 反映了系统的外部信息. 因此, 从传递函数本身无法了解系统的内部结构, 两个内部结构完全不同的系统, 其传递函数可以完全一样.

2. 多变量情形——传递函数矩阵

考察多输入多输出的定常线性系统, 令输入变量组为 $\{u_1(t), u_2(t), \cdots, u_r(t)\}$, 输出变量组为 $\{y_1(t), y_2(t), \cdots, y_m(t)\}$, 且假设系统的初始条件为零。用 $y_i(s)$ 和 $u_j(s)$ 分别表示 $y_i(t)$ 和 $u_j(t)$ 的 Laplace 变换, $g_{ij}(s)$ 表示系统的由第 j 个输入端到第 i 个输出端的传递函数, 其中 $i = 1, 2, \cdots, m$, $j = 1, 2, \cdots, r$, 那么由系统的线性属性 (即满足叠加原理) 可以导出

$$\begin{cases} y_1(s) = g_{11}(s)u_1(s) + g_{12}(s)u_2(s) + \cdots + g_{1r}(s)u_r(s) \\ y_2(s) = g_{21}(s)u_1(s) + g_{22}(s)u_2(s) + \cdots + g_{2r}(s)u_r(s) \\ \qquad\qquad\vdots \\ y_m(s) = g_{m1}(s)u_1(s) + g_{m2}(s)u_2(s) + \cdots + g_{mr}(s)u_r(s) \end{cases}$$

其向量方程形式为

$$y(s) = \begin{bmatrix} y_1(s) \\ y_2(s) \\ \vdots \\ y_m(s) \end{bmatrix} = \begin{bmatrix} g_{11}(s) & \cdots & g_{1r}(s) \\ g_{21}(s) & \cdots & g_{2r}(s) \\ \vdots & & \vdots \\ g_{m1}(s) & \cdots & g_{mr}(s) \end{bmatrix} \begin{bmatrix} u_1(s) \\ u_2(s) \\ \vdots \\ u_r(s) \end{bmatrix} = G(s)u(s)$$

称由上式所定义的 $G(s)$ 为系统的传递函数矩阵。容易看出, $G(s) \in \mathbf{R}^{m \times r}(s)$。当 $G(s)$ 的元传递函数 $g_{ij}(s)$ $(i = 1, 2, \cdots, m, \ j = 1, 2, \cdots, r)$ 均为严格真有理分式时, 即 $g_{ij}(s)$ 的分子多项式的最高幂次均小于分母多项式的最高幂次时, 称 $G(s)$ 为严格真有理分式矩阵; 当 $G(s)$ 的元传递函数 $g_{ij}(s)$ $(i = 1, 2, \cdots, m, \ j = 1, 2, \cdots, r)$ 除包含严格真有理分式外, 还包含真有理分式时, 即它的一个或一些元传递函数中分母和分子多项式具有相等的最高幂次时, 称 $G(s)$ 为真有理分式矩阵。通常, 当且仅当 $G(s)$ 为真有理分式矩阵或严格真有理分式矩阵时, 系统才是物理上可以实现的。作为一个判别准则, 当且仅当 $\lim\limits_{s \to \infty} G(s)$ 为零矩阵或非零常数矩阵成立时, 相应的传递函数矩阵 $G(s)$ 为严格真有理分式矩阵或真有理分式矩阵。

2.1.2 状态空间描述

系统的外部描述或者说传递函数描述一般只是对系统的一种不完全的描述, 它不能反映黑箱内部的某些部分。而下面将介绍的系统的内部描述或者说状态空间描述则是对系统的一种完全的描述, 它能完全表征系统的一切动力学特性。只有在系统满足一定属性的前提下, 这两类描述之间才具有等价关系。

1. 状态与状态空间

系统的状态空间描述是建立在状态和状态空间这两个基本概念的基础上的。状态和状态空间本身并不是一个新的概念, 长期以来在质点和刚体动力学中得到了

广泛的应用。但是，随着 Kalman 将它们引入系统和控制理论中来，并使之适合于描述系统的动态过程，这两个概念才有了更为一般性的含义。

定义 2.1.1 完全地表征动力学系统时间域行为的一个最小内部变量组称为系统的状态。组成这个变量组的变量 $x_1(t), x_2(t), \cdots, x_n(t)$ 称为系统的状态变量，其中 $t \geqslant t_0$，t_0 为初始时刻。由状态变量构成的列向量

$$x(t) = \begin{bmatrix} x_1(t) \\ x_2(t) \\ \vdots \\ x_n(t) \end{bmatrix}, \quad t \geqslant t_0$$

称为系统的状态向量，简称为状态。状态向量取值的向量空间称为状态空间。

对于状态和状态空间的定义，有如下几点说明。

(1) 状态变量组可完全地表征系统行为。即只要给定这组变量 $x_1(t), x_2(t), \cdots, x_n(t)$ 在初始时刻的值，以及输入变量 $u_1(t), u_2(t), \cdots, u_p(t)$ 在 $t \geqslant t_0$ 各瞬时的值，则系统中任何一个变量在 $t \geqslant t_0$ 时的运动行为也就随之完全确定了。

(2) 状态变量组的最小性。状态变量 $x_1(t), x_2(t), \cdots, x_n(t)$ 是为完全表征系统行为所必需的系统变量的最少个数，减少变量数将破坏表征的完全性，而增加变量数将是完全表征系统行为所不需要的。

(3) 状态变量组的数学特征。$x_1(t), x_2(t), \cdots, x_n(t)$ 构成系统变量中的极大线性无关组。考虑到状态变量 $x_1(t), x_2(t), \cdots, x_n(t)$ 只能取为实数值，因此状态空间是建立在实数域上的向量空间，且维数为 n。对于某个确定时刻，状态表示为状态空间中的一个点；而状态随时间的变化过程，则构成了状态空间中的一条轨迹。

(4) 状态变量组包含系统的物理特征。当组成状态的变量个数 n 为有穷正整数时，相应的系统为有穷维系统，且称 n 为系统的阶次；当 n 为无穷大时，相应的系统则是无穷维系统。一切集中参数系统都属于有穷维系统，而一切分布参数系统则属于无穷维系统。

(5) 状态变量组的不唯一性。由上述定义可知，系统中变量的个数必大于或等于 n，而其中仅有 n 个是线性无关的。这一点决定了状态变量在选取上一般不具有不唯一性。对于一个线性动态系统，任意选取的两个状态变量组之间为线性非奇异变换的关系。

2. 动态系统的状态空间描述

有了状态和状态空间的概念之后，就可以建立动力学系统的状态空间描述。从结构的角度讲，一个动力学系统可用图 2.1 所示的方块图来表示，其中 $x_1, x_2, \cdots, x_n$

是表征系统行为的状态变量组，$u_1, u_2, \cdots, u_r$ 和 $y_1, y_2, \cdots, y_m$ 分别为系统的输入变量组和输出变量组。

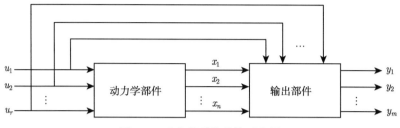

图 2.1 动力学系统结构示意图

与输入-输出描述不同，状态空间描述把系统动态过程的描述考虑为一个更为细致的过程：输入引起系统状态的变化，而状态和输入则决定了输出的变化。

输入引起系统状态的变化是一个运动的过程，数学上必须采用微分方程或差分方程来表征，并且称这个数学方程为系统的状态方程。就连续动态过程而言，考虑最一般的情况，则其状态方程为如下一阶时变非线性微分方程组：

$$
\begin{cases}
\dot{x}_1 = f_1\left(x_1, \cdots, x_n; u_1, \cdots, u_r; t\right) \\
\dot{x}_2 = f_2\left(x_1, \cdots, x_n; u_1, \cdots, u_r; t\right) \\
\quad\vdots \\
\dot{x}_n = f_n\left(x_1, \cdots, x_n; u_1, \cdots, u_r; t\right)
\end{cases}
, \quad t \geqslant t_0
$$

在引入向量表示的基础上，还可将状态方程简洁地表示为如下向量方程的形式：

$$
\dot{x} = f(x, u, t), \quad t \geqslant t_0 \tag{2.1.2}
$$

其中

$$
x = \begin{bmatrix} x_1 \\ x_2 \\ \vdots \\ x_n \end{bmatrix}, \quad
u = \begin{bmatrix} u_1 \\ u_2 \\ \vdots \\ u_r \end{bmatrix}, \quad
f(x, u, t) = \begin{bmatrix} f_1(x, u, t) \\ f_2(x, u, t) \\ \vdots \\ f_n(x, u, t) \end{bmatrix}
$$

状态和输入决定输出的变化是一个变量间的转换过程，描述这种转换过程的数学表达式为变换方程，并且称其为系统的输出方程或量测方程。最一般的情况下，一个连续动力学系统的输出方程具有如下形式：

$$
\begin{cases}
y_1 = g_1\left(x_1, \cdots, x_n; u_1, \cdots, u_r; t\right) \\
y_2 = g_2\left(x_1, \cdots, x_n; u_1, \cdots, u_r; t\right) \\
\quad\vdots \\
y_m = g_m\left(x_1, \cdots, x_n; u_1, \cdots, u_r; t\right)
\end{cases}
$$

或表示为如下的向量方程形式:

$$y = g(x, u, t) \tag{2.1.3}$$

其中

$$
y = \begin{bmatrix} y_1 \\ y_2 \\ \vdots \\ y_m \end{bmatrix}, \quad
g(x, u, t) = \begin{bmatrix} g_1(x, u, t) \\ g_2(x, u, t) \\ \vdots \\ g_m(x, u, t) \end{bmatrix}
$$

系统的状态空间描述由状态方程和输出方程联合组成,即

$$
\begin{cases} \dot{x} = f(x, u, t) \\ y = g(x, u, t) \end{cases}, \quad t \geqslant t_0 \tag{2.1.4}
$$

由于采用向量方程的形式,当状态变量、输入变量和输出变量的数目增加时,并不增加状态空间描述在表达形式上的复杂性。

3. 线性系统的状态空间描述与相关概念

如果限于考虑线性的连续动态过程,那么此时在系统的状态方程和输出方程中,向量函数 $f(x, u, t)$ 和 $g(x, u, t)$ 将都具有线性关系,从而线性系统的状态空间描述可表示为如下一般形式:

$$
L_T : \begin{cases} \dot{x} = A(t)x + B(t)u \\ y = C(t)x + D(t)u \end{cases}, \quad t \geqslant t_0 \tag{2.1.5}
$$

与一般情形一样,其中,$x(t)$ 是 n 维向量,称为系统的状态向量,n 称为系统的阶;$u(t)$ 是 r 维向量,称为系统的控制输入向量,r 称为系统的输入维数;$y(t)$ 是 m 维向量,称为系统的量测输出向量,m 称为系统的输出维数;另外,$A(t)$ 是 $n \times n$ 阶矩阵,称为系统矩阵;$B(t)$ 是 $n \times r$ 阶矩阵,称为控制分布矩阵或输入矩阵;$C(t)$ 是 $m \times n$ 阶矩阵,称为量测矩阵或输出矩阵;$D(t)$ 是 $m \times r$ 阶矩阵,称为前馈矩阵。这些矩阵统称为系统的系数矩阵,它们的每个元都是 t 的分段连续函数。

如果系统的输入维数 $r = 1$,则称系统为单输入系统;如果系统的输出维数 $m = 1$,则称系统为单输出系统;如果 $m = r = 1$,则称系统为单输入单输出系统,或简称为单变量系统。

在系统 L_T 中,如果 $A(t)$, $B(t)$, $C(t)$ 和 $D(t)$ 都是与时间无关的常值矩阵,那么称这个系统为定常的,此时它可表示为

$$
L : \begin{cases} \dot{x} = Ax + Bu \\ y = Cx + Du \end{cases}, \quad t \geqslant t_0 \tag{2.1.6}
$$

与定常系统相对应,称系统 L_T 为时变的。

由于线性系统完全由系统的系数矩阵决定，因而在许多情形下将它们简单地记成 $[A(t), B(t), C(t), D(t)]$ 和 $[A, B, C, D]$。

对于定常线性系统，称系统矩阵 A 的特征值、特征向量、Jordan 标准型、特征方程和特征多项式为系统的特征值、特征向量、Jordan 标准型、特征方程和特征多项式。系统的特征值也称为系统的极点。

2.1.3 解的存在性和唯一性

1. 常微分方程解的存在性和唯一性

由上面的叙述可知，常微分方程是描述实际物理系统的常用数学模型。对于一个确定性系统，人们自然期望在一定初始状态下，其未来状态是可重复和可预见的。为了保证可由系统在 t_0 时刻的状态预测其未来的状态，初值问题

$$\dot{x} = f(t, x), \quad x(t_0) = x_0 \tag{2.1.7}$$

的解必须是存在且唯一的。关于上述常微分方程初值问题的解的存在性和唯一性，有以下定理。

定理 2.1.1(局部存在性和唯一性) 设 $f(t, x)$ 对 t 分段连续，且满足 Lipschitz 条件:

$$\|f(t, x) - f(t, y)\| \leqslant L\|x - y\|, \quad \forall x, y \in B = \{x \in \mathbf{R}^n \,|\, \|x - x_0\| \leqslant r\}, \quad \forall t \in [t_0, t_1]$$

那么存在 $\delta > 0$，使状态方程 (2.1.7) 在 $[t_0, t_0 + \delta]$ 内有唯一解。

定理 2.1.1 是局部定理，因为它仅在区间 $[t_0, t_0 + \delta]$ 保证了解的存在性和唯一性。为了保证解在区间 $[t_0, t_1]$(t_1 可以任意大) 的全局存在性和唯一性，可以通过要求 f 满足全局 Lipschitz 条件来实现，如下列定理所述。

定理 2.1.2 (全局存在性和唯一性) 设 $f(t, x)$ 对 t 分段连续，且满足

$$\|f(t, x) - f(t, y)\| \leqslant L\|x - y\|, \quad \forall x, y \in \mathbf{R}^n, \quad \forall t \in [t_0, t_1]$$

那么状态方程 (2.1.7) 在 $[t_0, t_1]$ 内有唯一解。

全局 Lipschitz 条件是苛刻而保守的，很多物理系统的模型都不满足全局 Lipschitz 条件。因此，常用下述全局存在性和唯一性定理，该定理仅要求函数 f 是局部 Lipschitz 的，但它必须知道关于系统解的更多信息。

定理 2.1.3 设对于所有 $t \geqslant t_0$ 和定义域 $D \subset \mathbf{R}^n$ 内的 x，$f(t, x)$ 对 t 分段连续，对 x 是局部 Lipschitz 的，并设 W 是 D 的一个紧子集，$x_0 \in W$，并假设方程 (2.1.7) 的每个解都在 W 内，那么对于所有的 $t \geqslant t_0$，系统有唯一解。

2. 线性系统解的存在性和唯一性

对于线性系统，描述其状态运动过程的状态方程为

$$\dot{x} = A(t)x + B(t)u, \quad x(t_0) = x_0, \quad t \in [t_0, t_a] \tag{2.1.8}$$

或特别地，有

$$\dot{x} = Ax + Bu, \quad x(0) = x_0, \quad t \geqslant 0 \tag{2.1.9}$$

其中，式 (2.1.8) 对应于系统为时变的情况，而式 (2.1.9) 对应于系统为定常的情况。

根据定理 2.1.2 可知，就时变线性系统 (2.1.8) 而言，如果系统矩阵 $A(t)$ 和 $B(t)$ 的所有元在时间区间 $[t_0, t_a]$ 上均为 t 的实值连续函数，而输入 $u(t)$ 的元在时间区间 $[t_0, t_a]$ 上是连续实函数，则其状态方程的解 $x(t)$ 存在且唯一。通常，这些条件对于实际的物理系统总是能满足的。但是，从数学观点而言，上述条件还是太强，下述引理给出了较弱的条件。

引理 2.1.1 系统 (2.1.8) 对于任何 $x(0)$ 有解且解为唯一的充要条件如下所示。

(1) $A(t)$ 的各元 $a_{ij}(t)$ 在 $[t_0,\ t_a]$ 上是绝对可积的，即

$$\int_{t_0}^{t_a} |a_{ij}(t)| \mathrm{d}t < \infty, \quad i,j = 1,2,\cdots,n$$

(2) $B(t)$ 的各元 $b_{ik}(t)$ 在 $[t_0, t_a]$ 上是平方可积的，即

$$\int_{t_0}^{t_a} [b_{ik}(t)]^2 \mathrm{d}t < \infty, \quad i = 1,2,\cdots,n;\ k = 1,2,\cdots,r$$

(3) $u(t)$ 的各元 $u_k(t)$ 在 $[t_0\ ,t_a]$ 上是平方可积的，即

$$\int_{t_0}^{t_a} [u_k(t)]^2 \mathrm{d}t < \infty, \quad k = 1,2,\cdots,p$$

利用 Schwarz 不等式，有

$$\sum_{k=1}^{r} \int_{t_0}^{t_a} |b_{ik}(t) u_k(t)| \mathrm{d}t \leqslant \sum_{k=1}^{r} \left[\int_{t_0}^{t_a} [b_{ik}(t)]^2 \mathrm{d}t \cdot \int_{t_0}^{t_a} [u_k(t)]^2 \mathrm{d}t \right]^{1/2}$$

从而上述条件 (2) 和 (3) 等价于 $B(t)u(t)$ 的元在区间 $[t_0, t_a]$ 上绝对可积。对于定常线性系统 (2.1.9)，系数矩阵 A 和 B 均为常阵，因此只要其元的值为有限值，那么上述条件 (1) 和 (2) 总是满足的。

在后面的讨论中，总是假定所讨论的系统满足上述解的存在性和唯一性条件，并在这一前提下分析系统状态的运动规律与特性。

2.2 控制系统的可控性

控制设计的目的是使系统的物理量，或者说信号的变化满足设计者的期望。因此，在进行控制系统设计之前，有必要检查系统能否达到这样的要求。因为系统的

内部信号完全由系统的状态决定，所以必须保证控制系统的状态能够被任意控制。这样的工程要求经过抽象后，就形成了系统可控性的概念。

考虑下述定常线性系统：

$$\dot{x} = Ax + Bu \tag{2.2.1}$$

其中，$x \in \mathbf{R}^n$ 为状态向量；$u \in \mathbf{R}^r$ 为输入向量；$A \in \mathbf{R}^{n \times n}$ 为系统矩阵；$B \in \mathbf{R}^{n \times r}$ 为输入矩阵。

定义 2.2.1   若对于任意给定的初始状态 $x(0) = x_0$ 和终端状态 x_1，存在一个有限时间 $t_1 > 0$ 和输入 $u(t)$，使得 $x(t_1) = x_1$，则称系统 (2.2.1) 是可控的。系统 (2.2.1) 是可控的也常写成 (A, B) 是可控的。

对于系统 (2.2.1) 的可控性的判别，有下述定理。

定理 2.2.1   下述几个陈述是等价的：

(1) (A, B) 是可控的；

(2) 可控性矩阵 $Q_c = [\begin{array}{cccc} B & AB & \cdots & A^{n-1}B \end{array}]$ 的秩为 $\mathrm{rank}Q_c = n$；

(3) 对于任意 $\lambda \in \mathbf{C}$，$\mathrm{rank}[\begin{array}{cc} A - \lambda I & B \end{array}] = n$；

(4) 对于 A 的任意特征值 λ，$\mathrm{rank}[\begin{array}{cc} A - \lambda I & B \end{array}] = n$。

2.3 控制系统的稳定性

稳定性是系统的一种结构特性。在控制系统的设计中，系统的稳定性是首先需要考虑的问题之一，因为它关系到系统能否正常工作。按照控制系统设计中的不同要求，有不同的稳定性概念。本节简要介绍在控制系统分析与设计中最具重要性的 Lyapunov 稳定性的相关定义和主要结果。

2.3.1 系统的运动与平衡点

在研究运动稳定性问题时，常限于研究没有外输入作用时的系统。当系统为非线性和时变的最一般情况时，可用如下显含时间的非线性向量状态方程来描述：

$$\dot{x} = f(x, t), \quad x(t_0) = x_0, \quad t \geqslant t_0 \tag{2.3.1}$$

其中，x 为 n 维状态向量；$f(\cdot, \cdot)$ 为 n 维向量函数。如果系统为定常的，那么其状态方程 (2.3.1) 中将不显含 t；如果系统为线性的，那么方程 (2.3.1) 中 $f(\cdot, \cdot)$ 为 x 的线性向量函数，此时方程 (2.3.1) 化为

$$\dot{x} = A(t)x, \quad x(t_0) = x_0, \quad t \geqslant t_0$$

假定状态方程 (2.3.1) 满足解的存在性和唯一性条件，则可将其由初始状态 x_0 所引起的运动表示为时间 t 的函数：

$$x(t) = \phi(t; x_0, t_0), \quad t \geqslant t_0$$

导致运动的原因是以 t_0 为初始时刻的初始状态 x_0，并且显然有 $\phi(t_0; x_0, t_0) = x_0$。由于这一运动是由初始状态的扰动所引起的，因此通常称其为系统的受扰运动；它实质上等同于系统状态的零输入响应。

对于系统 (2.3.1)，如果存在某个状态 x_e，满足

$$\dot{x}_e = f(x_e, t) = 0, \quad \forall t \geqslant t_0$$

则称 x_e 为系统的一个平衡点或平衡状态。由此可见，平衡状态即系统方程的常数解，是系统一种静止的运动。在多数情况下，$x_e = 0$，即状态空间的原点为系统的平衡状态，称为零平衡点或零平衡状态；除此之外，系统也可有非零平衡点。

令

$$X_e = \{x_e \,|\, \dot{x}_e = f(x_e, t) = 0, \, \forall t \geqslant t_0\}$$

则 X_e 为系统的平衡点的集合。X_e 中的孤立点称为系统的孤立平衡点。容易证明，对于孤立平衡点，总是可以通过移动坐标系而将其转换为空间的原点，所以不失一般性，常可以假定平衡点 x_e 为原点。

2.3.2 Lyapunov 稳定性定义

系统运动的稳定性，就是研究其平衡状态的稳定性，即偏离平衡状态的受扰运动能否只依靠系统内部的结构因素而返回平衡状态，或者限制在它的一个有限邻域内。

定义 2.3.1 (Lyapunov 稳定性)　设原点 $x = 0$ 为系统 (2.3.1) 的一个平衡状态，称零平衡状态是稳定的，如果对给定的任一实数 $\varepsilon > 0$，都对应地存在一个实数 $\delta(\varepsilon, t_0) > 0$，使得由满足不等式

$$\|x_0\| \leqslant \delta(\varepsilon, t_0) \tag{2.3.2}$$

的任一初始状态 x_0 出发的受扰运动都满足不等式

$$\|\phi(t; x_0, t_0)\| \leqslant \varepsilon, \quad \forall t \geqslant t_0 \tag{2.3.3}$$

这个定义的几何含义是，对任意给定的正实数 ε，在状态空间中以原点为球心构造半径为 ε 的一个超球体，其球域记为 $B(\varepsilon)$，则若存在一个正实数 $\delta(\varepsilon, t_0)$，其大小同时依赖于 ε 和 t_0 初始时刻，类似地构造球心为原点、半径为 $\delta(\varepsilon, t_0)$ 的另

一个超球体, 相应的球域记为 $B(\delta)$, 且由球域 $B(\delta)$ 上的任一点出发的运动轨线 $\phi(t; x_0, t_0)$ 对所有 $t \geqslant t_0$ 都不脱离域 $B(\varepsilon)$, 那么, 就称零平衡状态是稳定的。

定义 2.3.2 (Lyapunov 一致稳定性)   在上述 Lyapunov 稳定性定义中, 如果 δ 的选取只依赖于 ε 而与初始时刻 t_0 的选取无关, 则称零平衡状态是一致稳定的。

对于定常系统, 零平衡状态的稳定等价于一致稳定, 但对于时变系统, 零平衡状态的稳定并不意味着其为一致稳定, 而且, 从实际的角度而言, 常要求一致稳定, 以便对于任一初始时刻 t_0 出现的受扰运动都是稳定的。

定义 2.3.3 (Lyapunov 渐近稳定性)   称系统 (2.3.1) 的零平衡状态是渐近稳定的, 如果:

(1) 零平衡状态是稳定的;

(2) 零平衡状态是吸引的, 即存在实数 $\eta(t_0) > 0$, 对于满足不等式 $\|x_0\| \leqslant \eta(t_0)$ 的任意初始状态 x_0 以及任意给定的实数 $\mu > 0$, 存在 $T(\mu, x_0, t_0) > 0$, 使得由 x_0 出发的受扰运动满足不等式

$$\|\phi(t; x_0, t_0)\| \leqslant \mu, \quad \forall t \geqslant t_0 + T(\mu, x_0, t_0)$$

渐近稳定既反映了运动的有界性, 同时又反映了运动随时间变化过程的渐近性。显然零平衡状态为渐近稳定的必要条件是它为系统的一个孤立平衡点。上述条件 (2), 即零平衡状态吸引的定义也可以改写为: 存在实数 $\eta(t_0) > 0$, 使得由满足不等式 $\|x_0\| \leqslant \eta(t_0)$ 的任意初始状态 x_0 出发的受扰运动都满足等式

$$\lim_{t \to \infty} \phi(t; x_0, t_0) = 0$$

从工程观点而言, 渐近稳定比稳定更重要。实际上, 渐近稳定即为工程意义下的稳定, 而 Lyapunov 稳定则是工程意义下的临界稳定。此外, 为了明确地判断系统的渐近稳定性, 确定使系统为吸引的最大区域 $B(\eta) = \{x_0 : \|x_0\| \leqslant \eta(t_0)\}$ 是十分必要的, 通常称这个区域为平衡状态的最大吸引域。

定义 2.3.4 (Lyapunov 一致渐近稳定性)   如果在上述 Lyapunov 渐近稳定性定义中, 实数 δ, η 和 T 的大小都不依赖于初始时刻 t_0, 而且 T 的大小也不依赖于初始状态 x_0, 那么称零平衡状态是一致渐近稳定的。

从工程观点而言, 对于时变系统, 一致渐近稳定较之渐近稳定更有意义。

定义 2.3.5 (Lyapunov 全局渐近稳定性)   称系统 (2.3.1) 的零平衡状态是全局渐近稳定的, 如果:

(1) 零平衡状态是稳定的;

(2) 零平衡状态是全局吸引的, 即对任意初始状态 $x_0 \in \mathbf{R}^n$ 以及任意给定的实数 $\mu > 0$, 存在实数 $T(\mu, x_0, t_0) > 0$, 使得由 x_0 出发的受扰运动满足不等式

$$\|\phi(t; x_0, t_0)\| \leqslant \mu, \quad \forall t \geqslant t_0 + T(\mu, x_0, t_0)$$

显然系统为全局渐近稳定的必要前提是系统只有唯一一个孤立平衡状态。对于线性系统，由于其满足叠加原理，所以当它渐近稳定时，就一定是全局渐近稳定的。在工程问题中，通常总是希望系统具有全局渐近稳定的特性。

定义 2.3.6 (Lyapunov 全局一致渐近稳定性)　称系统 (2.3.1) 的零平衡状态是全局一致渐近稳定的，如果：

(1) 零平衡状态是一致稳定的，而且可以选择一个 $\delta(\varepsilon)$，使得 $\lim\limits_{\varepsilon \to \infty} \delta(\varepsilon) = \infty$；

(2) 零平衡状态是全局一致吸引的，即对任意给定的实数 $\mu > 0$，存在实数 $T(\mu) > 0$，使得由任一初态 $x_0 \in \mathbf{R}^n$ 出发的受扰运动都满足不等式

$$\|\phi(t; x_0, t_0)\| \leqslant \mu, \quad \forall t \geqslant t_0 + T(\mu)$$

上述定理条件 (1) 中的 "可以选择一个 $\delta(\varepsilon)$，使得 $\lim\limits_{\varepsilon \to \infty} \delta(\varepsilon) = \infty$" 意味着系统的所有解均是全局一致有界的，这样实际上相当于将一致稳定这个局部概念扩展到全局。

最后，给出指数稳定性的定义。

定义 2.3.7 (指数稳定性)　称系统 (2.3.1) 的零平衡状态为指数稳定的，如果对于任意实数 $\varepsilon > 0$，都存在相应的实数 $\delta(\varepsilon) > 0$ 以及 $\alpha > 0$，使得由满足不等式 $\|x_0\| \leqslant \delta(\varepsilon)$ 的任意初始状态 x_0 出发的受扰运动满足不等式

$$\|\phi(t; x_0, t_0)\| \leqslant \varepsilon \, \mathrm{e}^{-\alpha(t-t_0)}, \quad \forall t \geqslant t_0$$

定义 2.3.8 (全局指数稳定性)　称系统 (2.3.1) 的零平衡状态为全局指数稳定的，如果对于任意实数 $\delta > 0$，都存在相应的实数 $k(\delta) > 0$ 和 $\alpha > 0$，使得由满足不等式 $\|x_0\| \leqslant \delta(\varepsilon)$ 的任意初始状态 x_0 出发的受扰运动满足不等式

$$\|\phi(t; x_0, t_0)\| \leqslant k(\delta) \, \mathrm{e}^{-\alpha(t-t_0)}, \quad \forall t \geqslant t_0$$

2.3.3　Lyapunov 稳定性判别方法

俄国学者 Lyapunov 在 1892 年发表的论文《运动稳定性的一般问题》中，建立了运动稳定性的一般理论。在这篇论文中，Lyapunov 把分析由常微分方程组所描述的动力学系统的稳定性的方法归纳为本质不同的两种方法，分别称为间接法和直接法。间接法先由系统的动态方程来找出其一次近似的线性化方程，再通过对线性化方程的稳定性的分析而给出原非线性系统在小范围内稳定性的有关信息。直接法的特点是不需要引入线性近似，而是直接由系统的运动方程出发，通过构造一个类似于 "能量" 的 Lyapunov 函数，并分析它和它的一次导数的定号性而获得系统稳定性的有关信息。直接法概念直观，方法具有一般性，物理意义清晰。因此，当 Lyapunov 直接法在 1960 年前后被系统地引入系统与控制理论中后，就很快得

到了广泛的应用, 不管是理论上还是在应用上都显示出了它的重要性。下面简要地
介绍 Lyapunov 直接法的主要结论。它依赖于下述正定函数的概念。

定义 2.3.9　设 $x \in \mathbf{R}^n$, Ω 为 $\mathbf{R}^n$ 中包含原点的一个区域, $V(x)$ 为定义在 Ω
上的一个标量函数。如果 $V(0) = 0$, 且对于任何 $x \neq 0$ 有 $V(x) \geqslant 0(V(x) \leqslant 0)$, 则
称 $V(x)$ 为定义在 Ω 上的一个半正 (负) 定函数。如果 $V(0) = 0$, 且对于任何 $x \neq 0$
有 $V(x) > 0(V(x) < 0)$, 则称 $V(x)$ 为定义在 Ω 上的一个正 (负) 定函数。进一步,
如果 $\lim\limits_{\|x\| \to \infty} V(x) = \infty$, 则称正定函数 $V(x)$ 具有无穷大性质。

定义 2.3.10　设 $x \in \mathbf{R}^n$, Ω 是 $\mathbf{R}^n$ 中包含原点的一个区域, $V(x,t)$ 是定
义在 $\Omega \times [t_0, \infty)$ 上的一个标量函数。如果 $V(0,t) = 0$, 且对于任何 $x \neq 0$ 有
$V(x,t) \geqslant 0(V(x,t) \leqslant 0)$, 则称 $V(x,t)$ 为定义在 $\Omega \times [t_0, \infty)$ 上的一个半正 (负) 定
函数。如果 $V(0,t) = 0$, 且存在一个定义在 Ω 上正定函数 $W(x)$, 满足 $V(x,t) \geqslant$
$W(x)(V(x,t) \leqslant -W(x))$, 则称 $V(x,t)$ 为定义在 $\Omega \times [t_0, \infty)$ 上的一个正 (负) 定
函数。进一步, 如果 $\Omega = \mathbf{R}^n$ 且 $\lim\limits_{\|x\| \to \infty} W(x) = \infty$, 则称正定函数 $V(x,t)$ 具有无穷
大性质; 如果存在一个定义在 Ω 上的正定函数 $W_1(x)$, 满足 $V(x,t) \leqslant W_1(x)$, 则
称正定函数 $V(x,t)$ 具有定常正定界。

在后面的叙述中, 总是假定正定函数 $V(x,t)$ 关于 x 和 t 均具有一阶连续偏导
数。于是, 正定函数 $V(x,t)$ 沿着系统 (2.3.1) 的全导数为

$$\frac{\mathrm{d}V}{\mathrm{d}t} = \frac{\partial V}{\partial x}f(x,t) + \frac{\partial V}{\partial t}$$

基于上述正定函数的概念, 可以给出 Lyapunov 第二方法的一些主要定理。对
于时变动力学系统的情形, 有下述两个定理。

定理 2.3.1　如果存在包含原点的某邻域 $\Omega \subset \mathbf{R}^n$ 和定义在 $\Omega \times [t_0, \infty)$ 上的一
个具有定常正定界的正定函数 $V(x,t)$, 它沿着系统 (2.3.1) 的全导数在 $\Omega \times [t_0, \infty)$
上为半负定的 (或负定的), 则系统 (2.3.1) 的零平衡状态是一致稳定的 (或一致渐
近稳定的)。

定理 2.3.2　如果存在一个具有无穷大性质的定义在 $\mathbf{R}^n \times [t_0 \infty)$ 上的具有
定常正定界的正定函数 $V(x,t)$, 它沿着系统 (2.3.1) 的导数 $\dot{V}(x,t)$ 在 $\mathbf{R}^n \times [t_0, \infty)$
上负定, 则系统 (2.3.1) 的零平衡状态为全局一致渐近稳定的。

对于定常动力学系统的情形, 有下述几个 Lyapunov 定理。

定理 2.3.3　如果在原点的某邻域 Ω 内存在一个正定函数 $V(x)$, 它沿着系统
(2.3.1) 的全导数 $\dot{V}(x)$ 在 Ω 内为半负定 (或负定) 的, 则系统 (2.3.1) 的零平衡状态
为稳定 (或渐近稳定) 的。

定理 2.3.4　如果在原点的某邻域 Ω 内存在一个正定函数 $V(x)$, 它沿着系统
(2.3.1) 的全导数 $\dot{V}(x)$ 在 Ω 中为半负定的, 但在 Ω 中 $\dot{V}(x)$ 在系统 (2.3.1) 的非零

解上非零，则系统 (2.3.1) 的零平衡状态为渐近稳定的。

定理 2.3.5 如果在 $\mathbf{R}^n$ 上存在一个具有无穷大性质的正定函数 $V(x)$，它沿着系统 (2.3.1) 的全导数 $\dot{V}(x)$ 在 $\mathbf{R}^n$ 上为负定的，则系统 (2.3.1) 的零平衡状态为全局渐近稳定的。

关于上述 Lyapunov 定理的证明，请参阅有关稳定性方面的专著，此处从略。

2.3.4 线性系统的稳定性

前面介绍了一般动力学系统的 Lyapunov 稳定性理论。接下来讨论我们所关心的线性系统。首先讨论线性系统稳定性的特殊性。

1. 线性系统稳定性的特殊性

当动态系统 (2.3.1) 为线性系统时，可一般地表示为下述形式：

$$\dot{x} = A(t)x, \quad t \geqslant t_0 \tag{2.3.4}$$

特别地，当系统矩阵 $A(t)$ 为定常时，系统 (2.3.4) 退化为下述定常线性系统：

$$\dot{x} = Ax, \quad t \geqslant t_0 \tag{2.3.5}$$

显然对于线性系统 (2.3.4) 而言，原点必为其一平衡点。但除此之外，它还可能有其他非零平衡点。例如，对系统 (2.3.5) 而言，当矩阵 A 降秩时，由线性方程组理论可知系统具有无穷多个平衡点，它们构成 $\mathbf{R}^n$ 的一个线性子空间。

关于线性系统平衡点稳定性的特殊性，有下述命题。

命题 2.3.1 如果线性系统 (2.3.4) 的零平衡点稳定，则其一切其他非零平衡点亦稳定。

由命题 2.3.1 不难推知，对线性系统而言，只要其一个平衡点是稳定的，则其所有的平衡点均稳定。反之，若线性系统有一个平衡点不稳定，则其所有的平衡点均不稳定。从这一意义上讲，对于线性系统，可直接言其稳定与否，而不必再指明其某平衡点是否稳定。线性系统稳定性的这一特点称为线性系统不同平衡点的稳定性的等价性。

关于线性系统渐近稳定性的特殊性，有下述命题。

命题 2.3.2 如果线性系统 (2.3.4) 的零平衡点为渐近稳定的，则其必为全局渐近稳定。

命题 2.3.2 说明，线性系统零平衡点的局部渐近稳定性等价于其全局渐近稳定性。这一特性称为线性系统渐近稳定性的全局与局部的等价性。由这一特性可以推知，若线性系统的零平衡点是渐近稳定的，则该系统一定不存在非零平衡点。从而对于系统 (2.3.4)，如果它的零平衡点渐近稳定，则必有矩阵 A 非奇异。

由于线性系统的上述特性，可以直接言其渐近稳定与否。类似地，关于线性系统指数稳定性的特殊性，有下述命题。

命题 2.3.3 线性系统 (2.3.4) 的指数稳定性与全局指数稳定性等价。

由于线性系统的上述特性，亦可以直接言其是否指数稳定。

上述这些命题的证明请参见相关文献，此处从略。根据上述讨论，可知对于线性系统的 Lyapunov 稳定只有稳定、一致稳定、渐近稳定和一致渐近稳定四种情况。

2. 时变线性系统的稳定性判定

对于线性系统 (2.3.4) 的稳定性，可以直接根据其状态转移矩阵来判断。这里只讨论其稳定性的 Lyapunov 判据。

定义 2.3.11 设 $Q(t)$ 为定义在 $[t_0,\infty)$ 上的一个分段连续的实对称矩阵函数，称它是一致有界和一致正定的，如果存在正实数 $\beta_2 > \beta_1 > 0$，使下式成立：

$$0 < \beta_1 I \leqslant Q(t) \leqslant \beta_2 I, \quad \forall t \geqslant t_0$$

下面的定理即是时变线性系统 (2.3.4) 的稳定性判定的 Lyapunov 定理。

定理 2.3.6 考虑时变线性系统 (2.3.4)，设原点为其唯一的平衡状态，$A(t)$ 的元均为分段连续的一致有界的实函数，则系统原点为一致渐近稳定的充分必要条件是对任意给定的一个实对称、一致有界和一致正定的时变矩阵 $Q(t)$，Lyapunov 矩阵微分方程

$$-\dot{P}(t) = P(t) A(t) + A^{\mathrm{T}}(t) P(t) + Q(t), \quad \forall t \geqslant t_0 \tag{2.3.6}$$

有唯一的实对称、一致有界和一致正定的矩阵解 $P(t)$。

3. 定常线性系统的稳定性判定

下面讨论定常线性系统 (2.3.5)：

$$\dot{x} = Ax, \quad t \geqslant 0$$

的稳定性问题。不同于时变线性系统 (2.3.4)，定常线性系统 (2.3.5) 的稳定性不存在一致性问题。因而，对于系统 (2.3.5) 只有稳定和渐近稳定两种稳定性。

1) Lyapunov 定理

根据定理 2.3.6，很容易得到下述关于系统 (2.3.5) 稳定性的 Lyapunov 判据。

定理 2.3.7 定常线性系统 (2.3.5) 渐近稳定的充分必要条件是矩阵方程

$$A^{\mathrm{T}}P + PA = -Q \tag{2.3.7}$$

对任意给定的正定对称矩阵 Q 都有唯一正定对称解 P。

实际上，对于定常线性系统，还有从系统矩阵出发的直接稳定性判据。

2) 直接判据与 Hurwitz 定理

下述定理说明定常线性系统 (2.3.5) 的稳定性完全由系统矩阵 A 的特征结构决定。

定理 2.3.8　对于定常线性系统 (2.3.5) 的稳定性，有下述结论：

(1) 系统 (2.3.5) 稳定的充要条件是矩阵 A 的所有特征值均具有非正实部，且其具有零实部的特征值为其最小多项式的单根，即在矩阵 A 的 Jordan 标准型中，与 A 的零实部特征值相关联的 Jordan 块均为一阶的。

(2) 系统 (2.3.5) 渐近稳定的充要条件是矩阵 A 的所有特征值均具有负实部。

上述定理的证明请参见相关文献，此处从略。

关于 Hurwitz 稳定性，有如下定义。

定义 2.3.12　设 $A \in \mathbf{R}^{n \times n}$，则：

(1) 如果矩阵 A 的所有特征值均具有负实部，那么称矩阵 A Hurwitz 稳定。

(2) 如果矩阵 A 是非 Hurwitz 稳定的，那么称矩阵 A 临界 Hurwitz 稳定，但它的所有特征值均具有非正实部，且其具有零实部的特征值为其最小多项式的单根。

判定一个矩阵的稳定性，可以先求得其特征多项式，然后再应用下述 Hurwitz 定理。

定理 2.3.9 (Hurwitz 定理)　给定实系数多项式

$$f(s) = s^n + a_1 s^{n-1} + \cdots + a_{n-1}s + a_n$$

其所有根均在复平面左半平面的充要条件是下述行列式

$$\Delta_i = \begin{vmatrix} a_1 & 1 & 0 & 0 & \cdots & 0 \\ a_3 & a_2 & a_1 & 0 & \cdots & 0 \\ a_5 & a_4 & a_3 & a_2 & \cdots & 0 \\ a_7 & a_6 & a_5 & a_4 & \cdots & 0 \\ \vdots & \vdots & \vdots & \vdots & & \vdots \\ a_{2i-1} & a_{2i-2} & a_{2i-3} & a_{2i-4} & \cdots & a_i \end{vmatrix}, \quad i = 1, 2, \cdots, n$$

均大于 0。这里，$a_j = 0$，$j > n$。

4. 关于 "系数冻结法"

众所周知，对于时变线性系统的稳定性判定，是一件很困难的事情。然而对于定常线性系统，其稳定性判定只需简单地检验系统矩阵的特征值的实部即可。这种鲜明的对比诱使人们铤而走险，从而导致工程上 "系数冻结法" 的出现。

工程上的"系数冻结法"简称"冻结法",是控制工程师至今仍沿用的利用定常线性系统的稳定性判据判定时变线性系统稳定性的一种工程方法。它的基本思想可以描述如下。

对于线性系统 (2.3.4):

$$\dot{x} = A(t)x, \quad t \geqslant t_0$$

当 $A(t) = A$ 为定常时,可通过考察矩阵 A 的特征值的实部来判断其稳定性。但当 $A(t)$ 为时变时,"冻结法"则将 $A(t)$ 中的时标 t "冻结",使系统 (2.3.4) 在冻结的时间点上化为一个定常系统。当验证了所有的这些冻结了的定常线性系统的稳定性之后便断定系统 (2.3.4) 的稳定性。

在许多情况下,工程应用中的冻结点仅取了区间 $[t_0, \infty)$ 上的有限个点。事实上,即使将冻结点取遍整个区间 $[t_0, \infty)$,且对于任何 $t \geqslant t_0$ 都有 $\text{Re}\lambda[A(t)] < 0$,甚至 $\text{Re}\lambda[A(t)] = -\alpha < 0$,系统 (2.3.4) 也可能是不稳定的。事实说明,存在这样的时变线性系统,其系统矩阵的所有特征值关于时间一致位于复平面的左半平面上,但是它却是不稳定的。由此可见,工程上常用的关于时变线性系统稳定性分析的冻结法是不正确的。从严格的理论意义上讲,这种方法的错误在于冻结的定常系统的稳定性与原来时变系统的稳定性在一般情况下是不相干的。但从实际工程的角度看,任何系统无不处于时刻变化的状态之中。绝对定常的系统是不存在的。在许多实际应用中,人们可以抽象出系统的一个定常的模型,然后以这个模型为基础进行分析和设计。尽管这种分析和设计是很严谨的,然而当人们最终将所得的分析和设计结果用于实际系统时,由于实际系统不可能是绝对定常的,实际上便相当于用了"冻结法"。关于"冻结法"在工程实际中应用的广泛性,可以从两个方面来理解。首先,任何一个定常线性系统的渐近稳定性都具有一定程度上的鲁棒性,对于系统矩阵围绕某一常值矩阵波动的时变系统,只要其波动量足够小,便可由其定常化的系统决定其自身的稳定性。其次,对一类慢时变的线性系统,即系统矩阵的元素的变化率足够小或满足某种形式的 Lipshitz 条件的系统,其渐近稳定性亦可根据系统矩阵的特征值是否在所有时间上具有负实部来判定。

总而言之,对于"冻结法",不能对其赋予贬义色彩,要对其正确认识,大胆使用,但不应盲目地乱用。在使用的过程中一定要对其成立条件进行充分的分析。到目前为止,人们已经建立了"冻结法"成立的各种类型的条件。对这方面有兴趣的读者可以参见稳定性方面的有关著作。

2.4 有理分式矩阵的右互质分解

本节的核心是求解有理分式矩阵 $(sI - A)^{-1}B$ 的右互质分解,该分解在控制系统设计的参数化方法中具有重要作用。为此，首先简要回顾与之相关的多项式矩阵和有理分式矩阵的基础知识。

2.4.1 多项式矩阵及其 Smith 标准型

众所周知，如果一个 $m \times n$ 阶的矩阵 $W(s)$，其每一个元 $w_{ij}(s)$ 均为变量 s 的实系数多项式，则称 $W(s)$ 为一个关于 s 的 $m \times n$ 阶实数域上的多项式矩阵，关于 s 的 $m \times n$ 阶实数域上的多项式矩阵的全体记为 $\mathbf{P}^{m \times n}(s)$。多项式矩阵的和、乘积、转置以及行列式等的运算规则同数字矩阵完全一样。

如果对于 $\forall s \in \mathbf{C}$，多项式矩阵 $W(s)$ 均为可逆的，则称 $W(s)$ 为幺模阵。显然，若 $W(s)$ 为幺模阵，则 $\det W(s)$ 是一个不为零的常数。

对于多项式矩阵 $W(s)$，如果至少有一个 r 阶子式不恒等于零，而所有 r 阶以上子式均恒等于零，则称 r 为多项式矩阵 $W(s)$ 的秩，记为 $\mathrm{rank} W(s) = r$。同数字矩阵一样，多项式矩阵 $W_1(s)$ 与 $W_2(s)$ 的乘积的秩满足不等式

$$\mathrm{rank} W_1(s) W_2(s) \leqslant \min\{\mathrm{rank} W_1(s), \mathrm{rank} W_2(s)\}$$

若多项式方阵 $Q(s)$ 的行列式 $\det Q(s) \equiv 0$，则称 $Q(s)$ 奇异；否则，称 $Q(s)$ 非奇异。显然，n 阶多项式方阵 $Q(s)$ 非奇异等价于 $\mathrm{rank} Q(s) = n$，或者说，$Q(s)$ 满秩。

与数字矩阵类似，多项式矩阵亦有三种初等行 (或列) 变换，而且可以引进初等行 (或列) 变换矩阵，使得对一个矩阵的初等行 (或列) 变换可以通过适当的初等矩阵左乘 (或右乘) 该矩阵来完成。这三种初等行 (或列) 变换介绍如下：

(1) 矩阵 $W(s)$ 的第 i, j 两行 (或两列) 互换位置。这一过程可通过矩阵运算 $P(i, j) W(s)$ (或 $W(s) Q(i, j)$) 来完成，其中 $P(i, j)(Q(i, j))$ 为将单位阵 i, j 两行 (或两列) 互换后得到的矩阵。

(2) 矩阵的第 i 行 (或列) 乘以非零的常数 c。这一过程可通过矩阵运算 $P(i(c)) W(s)$ (或 $W(s) Q(i(c))$) 来完成，其中 $P(i(c))$(或 $Q(i(c))$) 为将单位阵第 i 行 (或列) 乘以 c 后得到的矩阵。

(3) 矩阵的第 i 行 (或列) 加上第 j 行 (或列) 的 $\phi(s)$ 倍，此处 $\phi(s)$ 为一个多项式。这一过程可通过下述矩阵运算 $P(i, j(\phi)) W(s)$ (或 $W(s) Q((i, j(\phi)))$) 来完成，其中 $P(i, j(\phi))$ (或 $Q((i, j(\phi)))$) 为将单位阵的第 i 行 (或列) 加上第 j 行 (或列) 的 $\phi(s)$ 倍后得到的矩阵。

幺模阵和初等变换矩阵存在下述关系。

命题 2.4.1 多项式方阵 $W(s)$ 为幺模阵的充要条件是 $W(s)$ 可表示成一系列初等行 (或列) 变换矩阵之积。

如果可以用一系列初等变换将多项式矩阵 $A(s)$ 化为多项式矩阵 $B(s)$，则称多项式矩阵 $A(s)$ 和 $B(s)$ 相互等价。根据命题 2.4.1，多项式矩阵 $A(s)$ 和 $B(s)$ 等价，可用式 (2.4.1) 描述：

$$B(s) = P(s)A(s)Q(s) \tag{2.4.1}$$

其中，$P(s)$ 和 $Q(s)$ 为两个适当阶的幺模阵。

与数字矩阵类似，一个多项式矩阵可以通过初等变换化为与之等价的标准型形式。

定理 2.4.1   设 $A(s)$ 为多项式矩阵，令

$$r = \operatorname{rank} A(s) \leqslant \min\{m, n\}$$

则 $A(s)$ 等价于下述 Smith 标准型：

$$A_s(s) = \left[\begin{array}{cccc:c} d_1(s) & & & & 0 \\ & d_2(s) & & & 0 \\ & & \ddots & & \vdots \\ & & & d_r(s) & 0 \\ \hdashline 0 & 0 & \cdots & 0 & 0 \end{array}\right] \tag{2.4.2}$$

其中，$d_i(s)(i = 1, 2, \cdots, r)$ 是不为零的首一多项式，且 $d_{j+1}(s)$ 可被 $d_j(s)$ 整除 $(j = 1, 2, \cdots, r-1)$。

由定理 2.4.1 和命题 2.4.1 可以得到下述重要结论。

命题 2.4.2   设 $A \in \mathbf{R}^{n \times n}$，$B \in \mathbf{R}^{n \times r}$ 为数字矩阵，且条件

$$\operatorname{rank}\left[\begin{array}{cc} sI - A & B \end{array}\right] \equiv n, \quad \forall s \in \mathbf{C} \tag{2.4.3}$$

成立，则存在适当阶的幺模阵 $P(s)$ 和 $Q(s)$ 满足

$$P(s)\left[\begin{array}{cc} A - sI & B \end{array}\right] Q(s) = \left[\begin{array}{cc} 0 & I \end{array}\right] \tag{2.4.4}$$

在很多场合下，需要求取式 (2.4.4) 中的幺模阵 $P(s)$ 和 $Q(s)$。对于此，有下述算法。

算法 2.4.1   化 $\left[\begin{array}{cc} A - sI & B \end{array}\right]$ 为 Smith 标准型。

第一步   组成增广矩阵

$$E(s) = \left[\begin{array}{ccc} A - sI & B & I_n \\ I_n & 0 & 0 \\ 0 & I_r & 0 \end{array}\right]$$

第二步 在条件 (2.4.3) 下将 $E(s)$ 化为下述形式:

$$E'(s) = \left[\begin{array}{cc} \left[\begin{array}{cc} 0 & I \end{array} \right] & G(s) \\ H(s) & * \end{array} \right]$$

第三步 取 $P(s) = G(s), Q(s) = H(s)$ 即为所求。

在 Smith 标准型概念的基础上,进一步介绍多项式矩阵右互质的概念。

若多项式矩阵 $A(s)$, $B(s)$ 和 $C(s)$ 满足关系式 $A(s) = B(s)C(s)$,则称 $C(s)$ 为 $A(s)$ 的右因子,$A(s)$ 为 $C(s)$ 的左倍式。设 $A_1(s)$ 和 $A_2(s)$ 为两个同列数的多项式矩阵。如果多项式矩阵 $B(s)$ 同为 $A_1(s)$ 和 $A_2(s)$ 的右因子,则称 $B(s)$ 为 $A_1(s)$ 和 $A_2(s)$ 的右公因子。如果多项式矩阵 $D(s)$ 是 $A_1(s)$ 和 $A_2(s)$ 的右公因子,且同时是 $A_1(s)$ 和 $A_2(s)$ 的所有右公因子的左倍式,即对于 $A_1(s)$ 和 $A_2(s)$ 的任意右公因子 $B(s)$,均有满足 $D(s) = Z(s)B(s)$ 的多项式矩阵 $Z(s)$ 存在,则称 $D(s)$ 是 $A_1(s)$ 和 $A_2(s)$ 的最大右公因子。设 $A_1(s) \in \mathbf{P}^{m_1 \times n}(s)$, $A_2(s) \in \mathbf{P}^{m_2 \times n}(s) \, (m_1 + m_2 \geqslant n)$,如果矩阵 $[\, A_1^{\mathrm{T}}(s) \quad A_2^{\mathrm{T}}(s) \,]^{\mathrm{T}}$ 的 Smith 标准型为 $[\, I_n \quad 0 \,]^{\mathrm{T}}$,则称 $A_1(s)$ 和 $A_2(s)$ 右互质。

下述定理揭示了多项式矩阵右互质的本质。

定理 2.4.2 设 $A_1(s) \in \mathbf{P}^{m_1 \times n}(s)$, $A_2(s) \in \mathbf{P}^{m_2 \times n}(s)$,且

$$\mathrm{rank} \left[\begin{array}{c} A_1(s) \\ A_2(s) \end{array} \right] = n$$

则下面三个条件等价:

(1) $A_1(s)$ 与 $A_2(s)$ 右互质;

(2) $A_1(s)$ 与 $A_2(s)$ 的 $n \times n$ 阶最大右公因子为幺模阵;

(3) 存在 $B_1(s) \in \mathbf{P}^{n \times m_1}(s)$ 和 $B_2(s) \in \mathbf{P}^{n \times m_2}(s)$ 满足

$$B_1(s)A_1(s) + B_2(s)A_2(s) = I \tag{2.4.5}$$

直接利用定义还有关于多项式矩阵互质的下述判据。

定理 2.4.3 设 $N(s) \in \mathbf{P}^{n \times r}(s)$, $D(s) \in \mathbf{P}^{r \times r}(s)$,且 $D(s)$ 非奇异,则 $N(s)$ 和 $D(s)$ 右互质的充要条件是

$$\mathrm{rank} \left[\begin{array}{c} N(s) \\ D(s) \end{array} \right] = r, \quad \forall s \in \mathbf{C} \tag{2.4.6}$$

2.4.2 有理分式矩阵及其右互质分解

两个多项式 $p(s)$ 和 $q(s)$ 之比 $p(s)/q(s) = w(s)$ 称为一个有理分式。如果一个与变量 s 相关的 $n \times r$ 阶矩阵 $W(s)$,其每一个元 $w_{ij}(s)$ 均为变量 s 的有理分式,

则 $W(s)$ 称为一个有理分式矩阵，关于 s 的 $n \times r$ 阶实数域上的有理分式矩阵的全体记为 $\mathbf{R}^{n \times r}(s)$。

有了有理分式矩阵的概念，可以进一步定义多项式方阵的逆。对于 n 阶多项式方阵 $Q(s)$，若存在同阶有理分式矩阵 $W(s)$，使得

$$Q(s)W(s) = W(s)Q(s) = I, \quad \forall s \in \mathbf{C} \tag{2.4.7}$$

成立，则称 $W(s)$ 为 $Q(s)$ 的逆，记为 $Q^{-1}(s) = W(s)$。多项式方阵 $Q(s)$ 可逆的充要条件是 $Q(s)$ 非奇异。与数字矩阵类似，多项式方阵 $Q(s)$ 的逆的求取公式如下：

$$Q^{-1}(s) = \frac{\mathrm{adj}Q(s)}{\det Q(s)} \tag{2.4.8}$$

其中，多项式方阵 $\mathrm{adj}Q(s)$ 称为 $Q(s)$ 的伴随矩阵，其计算与数字矩阵相同。

很容易证明，若 A 是数字方阵，则多项式方阵 $sI - A$ 是可逆的。

与标量的情形类似，任何一个有理分式矩阵 $W(s) \in \mathbf{R}^{n \times r}(s)$ 总可以分解成

$$W(s) = N(s)D^{-1}(s) \tag{2.4.9}$$

的形式，其中，$N(s) \in \mathbf{P}^{n \times r}(s)$，$D(s) \in \mathbf{P}^{r \times r}(s)$。式 (2.4.9) 称为 $W(s)$ 的右分解。特别地，当 $N(s)$ 和 $D(s)$ 右互质时，称式 (2.4.9) 为 $W(s)$ 的右互质分解或右既约分解。

关于一般的有理分式矩阵 $W(s)$ 的右互质分解的求取，请参阅有关文献。下面考虑所关心的一类特殊的有理分式的右互质分解的求取问题。

设 $A \in \mathbf{R}^{n \times n}, B \in \mathbf{R}^{n \times r}$ 为两个数字矩阵，则

$$W(s) = (sI - A)^{-1}B \tag{2.4.10}$$

为一个 $n \times r$ 阶有理分式矩阵。下面，在条件

$$\mathrm{rank}\begin{bmatrix} sI - A & B \end{bmatrix} \equiv n, \quad \forall s \in \mathbf{C} \tag{2.4.11}$$

下考虑 $W(s)$ 的右互质分解

$$W(s) = (sI - A)^{-1}B = N(s)D^{-1}(s) \tag{2.4.12}$$

的求取问题。作为一个特殊的有理分式矩阵，$W(s)$ 的右互质分解式 (2.4.12) 可利用一般有理分式矩阵右互质分解的算法求取。下面根据 $W(s)$ 的特点介绍一种简单算法。

算法 2.4.2   右互质分解式 (2.4.12) 的求取。

第一步 利用算法 2.4.1 求取幺模阵 $P(s)$ 和 $Q(s)$ 并满足

$$P(s)[A - sI \quad B]Q(s) = [0 \quad I] \tag{2.4.13}$$

第二步 将幺模阵 $Q(s)$ 进行如下分块:

$$Q(s) = \begin{bmatrix} Q_{11}(s) & Q_{12}(s) \\ Q_{21}(s) & Q_{22}(s) \end{bmatrix} \tag{2.4.14}$$

其中,$Q_{11}(s) \in \mathbf{R}^{n \times r}(s)$, $Q_{21}(s) \in \mathbf{R}^{r \times r}(s)$。

第三步 取

$$N(s) = Q_{11}(s), \quad D(s) = Q_{21}(s) \tag{2.4.15}$$

则 $N(s)$ 与 $D(s)$ 满足右互质分解式 (2.4.12)。

下面简要说明上述算法的合理性。算法的第一步中幺模阵 $P(s)$ 和 $Q(s)$ 的存在性是由命题 2.4.2 保证的。由于 $Q(s)$ 是幺模阵,故有

$$\text{rank} \begin{bmatrix} N(s) \\ D(s) \end{bmatrix} = \text{rank} \begin{bmatrix} Q_{11}(s) \\ Q_{21}(s) \end{bmatrix} = r, \quad \forall s \in \mathbf{C}$$

根据式 (2.4.13)~ 式 (2.4.15) 可知,$N(s) = (sI - A)^{-1}BD(s)$,因此

$$\text{rank} \begin{bmatrix} (sI - A)^{-1}BD(s) \\ D(s) \end{bmatrix} = \text{rank} \left(\begin{bmatrix} (sI_n - A)^{-1}B \\ I_r \end{bmatrix} D(s) \right) = r, \quad \forall s \in \mathbf{C}$$

因此,根据矩阵乘积的秩的性质可知,$\text{rank}D(s) = r$,即多项式方阵 $D(s)$ 满秩,或者说非奇异。根据定理 2.4.3 可知,多项式矩阵 $N(s)$ 与 $D(s)$ 互质。因此,可以得到右互质分解表达式: $(sI - A)^{-1}B = N(s)D^{-1}(s)$。

2.5 广义 Sylvester 矩阵方程

在线性系统理论中,有几类非常重要的矩阵代数方程,如 Lyapunov 矩阵方程、Riccati 矩阵方程等。下面介绍一类推广的 Sylvester 矩阵方程,它们具有下述一般形式:

$$AV + BW = VF \tag{2.5.1}$$

其中,A 和 B 分别为给定的 $n \times n$ 阶和 $n \times r$ 阶的实矩阵;F 为给定的 n 阶的 Jordan 矩阵;V 和 W 分别为待定的 $n \times n$ 阶和 $r \times n$ 阶的复矩阵。若取定 W 阵,并令 $C = -BW$,则式 (2.5.1) 化为下述常规的 Sylvester 矩阵方程:

$$AV - VF = C \tag{2.5.2}$$

Sylvester 矩阵方程 (2.5.1)、方程 (2.5.2) 在线性系统的极点配置、特征结构配置和观测器设计等许多问题中起着重要作用。

2.5.1　问题描述

广义 Sylvester 矩阵方程 (2.5.1) 的求解是其众多应用的基础。该方程的求解问题可以描述如下。

问题 GSME　给定 $n \times n$ 阶和 $n \times r$ 阶定常实矩阵 A 和 B 以及 n 阶 Jordan 矩阵 F, 求取矩阵方程 (2.5.1) 的解析解, 即求取满足方程 (2.5.1) 的矩阵 V 和 W 的解析表达式。如果方程 (2.5.1) 的一种解析解包含了方程 (2.5.1) 的一切解, 便称该解析解为完全的。

这里将在下述假设条件下给出方程 (2.5.1) 的一种完全解析通解。

假设 A1　对于任何 $s \in \mathbf{C}$, 矩阵 $[sI - A \quad B]$ 行满秩。

假设 A2　Jordan 矩阵 F 含有 n' 个互异特征值, 其第 i 个特征值 s_i 的几何重数为 q_i, 且与其相关联的 q_i 个 Jordan 块 $F_{i1}, F_{i2}, \cdots, F_{iq_i}$ 的阶数分别为 p_{i1}, $p_{i2}, \cdots, p_{iq_i}$。从而特征值 s_i 的代数重数为

$$m_i = p_{i1} + p_{i2} + \cdots + p_{iq_i} \tag{2.5.3}$$

且有

$$m_1 + m_2 + \cdots + m_{n'} = n \tag{2.5.4}$$

假设 A1 实际上是 (A, B) 为可控的条件; 假设 A2 称为矩阵 F 的 Jordan 结构条件。对应于矩阵 F 的这一结构假设条件, 可以赋予矩阵 V 一种相应的结构形式, 将它按列分块为

$$\begin{cases} V = [V_1 & V_2 & \cdots & V_{n'}] \\ V_i = [V_{i1} & V_{i2} & \cdots & V_{iq_i}] \\ V_{ij} = [v_{ij}^1 & v_{ij}^2 & \cdots & v_{ij}^{p_{ij}}] \end{cases} \tag{2.5.5}$$

同样, 对于矩阵 W 也可以进行下述对应的结构分块:

$$\begin{cases} W = [W_1 & W_2 & \cdots & W_{n'}] \\ W_i = [W_{i1} & W_{i2} & \cdots & W_{iq_i}] \\ W_{ij} = [w_{ij}^1 & w_{ij}^2 & \cdots & w_{ij}^{p_{ij}}] \end{cases} \tag{2.5.6}$$

按照矩阵 V、W 的上述分块结构, 在假设 A2 下, 矩阵 V 与向量组 $\{v_{ij}^k\}$ 之间、矩阵 W 与向量组 $\{w_{ij}^k\}$ 之间便形成了一种一一对应的关系, 而且方程 (2.5.1) 可分解成下述一组向量的形式

$$(A - s_iI)v_{ij}^k + Bw_{ij}^k = v_{ij}^{k-1}, \quad v_{ij}^0 = 0 \tag{2.5.7}$$

$$k = 1, 2, \cdots, p_{ij}, \quad j = 1, 2, \cdots, q_i, \quad i = 1, 2, \cdots, n'$$

或

$$[A - s_i I \quad B] \begin{bmatrix} v_{ij}^k \\ w_{ij}^k \end{bmatrix} = v_{ij}^{k-1}, \quad v_{ij}^0 = 0 \tag{2.5.8}$$

$$k = 1, 2, \cdots, p_{ij}, \quad j = 1, 2, \cdots, q_i, \quad i = 1, 2, \cdots, n'$$

于是, 确定方程 (2.5.1) 解析解的问题便可以转化为求取满足式 (2.5.7) 或式 (2.5.8) 的向量 v_{ij}^k 和 w_{ij}^k 的表达式的问题。

2.5.2 完全解析解

1. F 为 Jordan 矩阵的情形

由 2.4.2 节可知, 在假设 A1 下, 有下述矩阵右有理分解式:

$$(sI - A)^{-1} B = N(s) D^{-1}(s) \tag{2.5.9}$$

其中, $N(s) \in \mathbf{P}^{n \times r}(s)$, $D(s) \in \mathbf{P}^{r \times r}(s)$ 右互质。关于满足式 (2.5.9) 的 $N(s)$ 和 $D(s)$ 的求取, 在 2.4.2 节中已给出了具体的方法, 即算法 2.4.2。利用上述右互质分解, 可以建立方程 (2.5.1) 的一种完全解析解, 如下述定理所述。

定理 2.5.1 设矩阵 B 满秩, 且假设 A1、假设 A2 成立, 则矩阵方程 (2.5.1) 的一切解可由下述公式表示出:

$$\begin{bmatrix} v_{ij}^k \\ w_{ij}^k \end{bmatrix} = \begin{bmatrix} N(s_i) \\ D(s_i) \end{bmatrix} f_{ij}^k + \cdots + \frac{1}{(k-1)!} \frac{\mathrm{d}^{k-1}}{\mathrm{d}s^{k-1}} \begin{bmatrix} N(s_i) \\ D(s_i) \end{bmatrix} f_{ij}^1 \tag{2.5.10}$$
$$k = 1, 2, \cdots, p_{ij}, \quad j = 1, 2, \cdots, q_i, \quad i = 1, 2, \cdots, n'$$

其中, $f_{ij}^k \in \mathbf{C}^r$ $(k = 1, 2, \cdots, p_{ij}, j = 1, 2, \cdots, q_i, i = 1, 2, \cdots, n')$ 为任意选取的参数向量; $N(s)$ 和 $D(s)$ 为满足右互质分解式 (2.5.9) 的多项式矩阵。

定理 2.4.2 给出了广义 Sylvester 矩阵方程 (2.5.1) 的一个直接的显式的完全解析解。只要满足右互质分解式 (2.5.9) 的 $N(s)$ 和 $D(s)$ 求出后, 该完全解析解便立刻可以写出来。通过特别地选取解中的参数向量 $\{f_{ij}^k\}$, 可得到方程的具有某种意义的特殊解。

2. F 为对角阵的情形

在定理 2.5.1 中, 当 F 为对角阵时, 有如下推论。

推论 2.5.1 设矩阵 B 满秩, 且假设 A1、假设 A2 成立, 则矩阵方程 (2.5.1) 的一切解可由下述公式表示出:

$$V = [v_1 \quad v_2 \quad \cdots \quad v_n], \quad v_i = N(s_i) f_i \tag{2.5.11}$$

$$W = [w_1 \quad w_2 \quad \cdots \quad w_n], \quad w_i = D(s_i) f_i \tag{2.5.12}$$

其中，$f_i \in \mathbf{C}^r$ $(i = 1, 2, \cdots, n)$ 为任意选取的参数向量；$N(s)$ 和 $D(s)$ 为满足右互质分解式 (2.5.9) 的多项式矩阵。

同样，只要当满足右互质分解式 (2.5.9) 的 $N(s)$ 和 $D(s)$ 求出后，该完全解析解便立刻可以写出来。通过特别地选取解中的参数向量 $\{f_i\}$，可得到方程的具有某种意义的特殊解。

2.6 状态反馈极点配置问题

2.6.1 状态反馈极点配置问题的描述

极点是定常线性系统所特有的概念，它是系统矩阵的特征值。由于极点不仅决定了系统的稳定性，而且对于系统的性能亦有极为重要的影响。因此，人们自然希望系统具有理想的极点。当系统本身的极点位置不理想时，人们当然希望可以通过反馈控制设计使得闭环系统具有指定的希望的极点。这就是所谓的极点配置问题，亦称为特征值配置问题。当反馈控制策略使用状态反馈时，称为状态反馈极点配置问题。

考虑下述定常线性系统：

$$\dot{x} = Ax + Bu \tag{2.6.1}$$

其中，$x \in \mathbf{R}^n$ 是状态向量；$u \in \mathbf{R}^r$ 是输入向量；$A \in \mathbf{R}^{n \times n}$ 为系统矩阵；$B \in \mathbf{R}^{n \times r}$ 是输入矩阵。该系统在状态反馈控制下的极点配置问题可叙述如下。

问题 SFPA 给定系统 (2.6.1)，求取状态反馈控制律：

$$u = Kx \tag{2.6.2}$$

其中，待定矩阵 K 称为状态反馈增益矩阵，使得系统 (2.6.1) 在该控制律作用下的闭环系统

$$\dot{x} = A_\mathrm{c}x = (A + BK)x \tag{2.6.3}$$

具有指定的极点集 $\{\lambda_1^*, \lambda_2^*, \cdots, \lambda_n^*\}$。

2.6.2 状态反馈极点配置问题的解的存在性与不唯一性

一般来说，为了适应各种不同的应用场合，希望控制系统的极点可以通过状态反馈进行任意配置，也就是说上述问题中的极点 $\lambda_i^* (i = 1, 2, \cdots, n)$ 可以任意指定。下述定理给出了定常线性系统可利用状态反馈任意配置极点的充要条件。

定理 2.6.1 定常线性系统 (2.6.1) 可用状态反馈任意配置极点的充要条件是系统 (2.6.1) 可控。

上述定理给出了状态反馈极点配置问题有解的条件。关于状态反馈极点配置问题的求解方法，或者说，状态反馈增益矩阵的计算方法可以参阅相关文献，这里不再赘述。下面仅简要说明状态反馈极点配置问题的解可能是不唯一的。

定常线性系统极点配置问题中状态反馈增益矩阵的计算问题可以描述为：给定可控矩阵对 (A, B) 和一组所期望的闭环特征值 $\{\lambda_1^*, \lambda_2^*, \cdots, \lambda_n^*\}$，确定 $r \times n$ 阶状态反馈增益矩阵 K，使成立 $\lambda_i(A + BK) = \lambda_i^* (i = 1, 2, \cdots, n)$。

对于单输入系统，待确定的未知量，即 K 中的元素个数为 n。它们可以通过 n 个方程 $\lambda_i(A + BK) = \lambda_i^* (i = 1, 2, \cdots, n)$ 来唯一确定。但是，对于多输入系统，待确定的未知量，即 K 中的元素个数为 $rn (> n)$。它们一般不能通过 n 个方程 $\lambda_i(A + BK) = \lambda_i^* (i = 1, 2, \cdots, n)$ 来唯一确定。也就是说，对于单输入系统，极点配置问题中的状态反馈增益矩阵是唯一的，但是，对于多输入系统，极点配置问题中的状态反馈增益矩阵是不唯一的。既然如此，那么能否给出一个确定的极点配置问题的状态反馈增益矩阵的通式描述呢？答案是肯定的，这就需要借助控制系统设计的特征结构配置方法，本书将在第 4 章对其进行介绍。

2.7 注　　记

本章的主要内容取材于段广仁教授编著的《线性系统理论》[1] 和郑大钟教授编著的《线性系统理论》[2]。其中，关于解的存在性和唯一性，进一步参考了文献 [3]；关于系统的可控性，进一步参考了文献 [4] 和 [5]；关于运动稳定性，进一步参考了文献 [6]。有兴趣的读者可以参阅这些著作以及相关的文献。

参 考 文 献

[1] 段广仁. 线性系统理论. 3 版. 北京: 科学出版社, 2016.

[2] 郑大钟. 线性系统理论. 2 版. 北京: 清华大学出版社, 2002.

[3] Khalil H K. Nonlinear Systems. Upper Saddle River: Prentice-Hall, 1996.

[4] Chen C T. Linear System Theory and Design. London: Oxford University Press, 1998.

[5] 刘康志, 姚郁. 线性鲁棒控制. 北京: 科学出版社, 2013.

[6] 宋申民. 运动稳定性与航天控制. 北京: 科学出版社, 2014.

第3章　面向控制的高超声速飞行器刚体建模

　　飞行器的运动方程组是描述飞行器运动的数学模型，也是分析、计算和模拟飞行器运动的基础。因此，本章首先介绍飞行器的六自由度非线性运动方程组。另外，飞行器控制的目的是使其按照期望的姿态和轨迹飞行，遂行既定的飞行任务。为了进行飞行器控制系统设计，首要工作是建立控制系统的数学模型。由于飞行器的六自由度非线性运动方程组非常复杂，难以直接用其进行控制系统设计，故而必须对其进行适当的简化，从而建立起便于分析和设计的飞行器控制系统模型。本章进一步针对本书后续章节使用的对象，即高超声速飞行器 Winged-Cone 模型，进行气动特性分析，并建立起面向控制的高超声速飞行器姿态系统模型。

3.1　坐 标 系 统

3.1.1　常用坐标系

　　坐标系是为描述飞行器的运动而选取的参考基准。选取不同的坐标系会使飞行器运动方程的形式和繁简程度大不相同。为了对飞行器的运动进行准确而简洁的描述，首先给出几个常用的坐标系，包括：地面坐标系、弹体坐标系、弹道坐标系以及速度坐标系。它们都是右手坐标系 [1]。

1. 地面坐标系 $Axyz$

　　地面坐标系 $Axyz$ 与地球表面固连；其原点通常选取为飞行器在发射时的质心位置；Ax 轴在水平面内，指向目标为正；Ay 轴与水平面垂直，向上为正；Az 轴与其他两轴垂直并构成右手坐标系。一般称 Axz 平面为侧向平面，Axy 平面为纵向平面。

　　在对飞行器控制系统进行初步的分析、设计与仿真时，可以认为地球静止不动。于是，视地面坐标系为惯性坐标系，并视重力场为平行力场，沿 Ay 轴负向。地面坐标系是确定飞行器的质心位置和空间姿态的参考基准。

2. 弹体坐标系 $Ox_1y_1z_1$

　　弹体坐标系 (或称为飞行器体坐标系)$Ox_1y_1z_1$ 与飞行器固连；其原点位于飞行器的瞬时质心；Ox_1 轴与飞行器纵轴重合，指向头部为正；Oy_1 轴位于飞行器纵

向对称面内并与 Ox_1 轴垂直，向上为正；Oz_1 轴与其他两轴垂直并构成右手坐标系。弹体坐标系是动坐标系。

3. 弹道坐标系 $Ox_2y_2z_2$

弹道坐标系 $Ox_2y_2z_2$ 的原点位于飞行器的瞬时质心；Ox_2 轴与飞行器的速度矢量 V 重合；Oy_2 轴位于包含速度矢量的铅垂面内并垂直于 Ox_2 轴，向上为正；Oz_2 轴与其他两轴垂直并构成右手坐标系。弹道坐标系是动坐标系。

4. 速度坐标系 $Ox_3y_3z_3$

速度坐标系 $Ox_3y_3z_3$ 的原点位于飞行器的瞬时质心；Ox_3 轴与速度矢量 V 重合；Oy_3 轴位于飞行器的纵向对称面内，与 Ox_3 轴垂直，向上为正；Oz_3 轴与其他两轴垂直并构成右手坐标系。速度坐标系也是动坐标系。

需注意的是，弹道坐标系 Oy_2 轴位于包含速度矢量 V 的铅垂面内，而速度坐标系 Oy_3 轴则在飞行器的纵对称面内。仅当飞行器的纵对称面包含铅垂线时，这两个坐标系才重合。

3.1.2　坐标系之间的关系与坐标变换

在飞行器的飞行过程中，作用在飞行器上的力和力矩及其相应的运动参数习惯上是在不同的坐标系中定义的。在建立飞行器的运动方程时，必须将在不同坐标系中定义的力、力矩以及运动参数投影到同一坐标系中，因此，必须建立坐标系之间的转换关系。

采用 2-3-1 转序连续旋转的方法，可以将一组直角坐标系 $OX_0Y_0Z_0$ 转换到另一组直角坐标系 $OX_1Y_1Z_1$。具体方法为：首先使坐标系 $OX_0Y_0Z_0$ 绕 OY_0 轴转过角度 $A_y(A_y$ 可以为零) 得到 $OX'Y_0Z'$，然后使坐标系 $OX'Y_0Z'$ 绕 OZ' 轴转过角度 A_z (A_z 可以为零) 得到 $OX_1Y'Z'$，最后使坐标系 $OX_1Y'Z'$ 绕 OX_1 轴转过角度 A_x (A_x 可以为零) 便得到 $OX_1Y_1Z_1$。也就是说，两组直角坐标系 $OX_0Y_0Z_0$ 和 $OX_1Y_1Z_1$ 之间的姿态关系可以由至多三个角度 A_y, A_z 和 A_x 来确定。

已知，若直角坐标系 $oxyz$ 绕 oy 转过角度 ξ 后得到直角坐标系 $ox'yz'$，则从坐标系 $oxyz$ 到坐标系 $ox'yz'$ 的坐标变换为

$$\begin{bmatrix} x' \\ y \\ z' \end{bmatrix} = T_y(\xi) \begin{bmatrix} x \\ y \\ z \end{bmatrix} \tag{3.1.1}$$

其中

$$
T_y(\xi) = \begin{bmatrix} \cos\xi & 0 & -\sin\xi \\ 0 & 1 & 0 \\ \sin\xi & 0 & \cos\xi \end{bmatrix} \tag{3.1.2}
$$

为坐标变换矩阵。若直角坐标系 $oxyz$ 绕 oz 轴转过角度 ξ 后得到直角坐标系 $ox'y'z$，则从坐标系 $oxyz$ 到坐标系 $ox'y'z$ 的坐标变换为

$$
\begin{bmatrix} x' \\ y' \\ z \end{bmatrix} = T_z(\xi) \begin{bmatrix} x \\ y \\ z \end{bmatrix} \tag{3.1.3}
$$

其中

$$
T_z(\xi) = \begin{bmatrix} \cos\xi & \sin\xi & 0 \\ -\sin\xi & \cos\xi & 0 \\ 0 & 0 & 1 \end{bmatrix} \tag{3.1.4}
$$

为坐标变换矩阵。若直角坐标系 $oxyz$ 绕 ox 轴转过角度 ξ 后得到直角坐标系 $oxy'z'$，则从坐标系 $oxyz$ 到坐标系 $oxy'z'$ 的坐标变换为

$$
\begin{bmatrix} x \\ y' \\ z' \end{bmatrix} = T_x(\xi) \begin{bmatrix} x \\ y \\ z \end{bmatrix} \tag{3.1.5}
$$

其中

$$
T_x(\xi) = \begin{bmatrix} 1 & 0 & 0 \\ 0 & \cos\xi & \sin\xi \\ 0 & -\sin\xi & \cos\xi \end{bmatrix} \tag{3.1.6}
$$

为坐标变换矩阵。而且，$T_i(\xi)$ $(i = x, y, z)$ 有下述性质：

$$
T_i^{-1}(\xi) = T_i^{\mathrm{T}}(\xi), \quad T_i(0) = I_3, \quad i = x, y, z \tag{3.1.7}
$$

于是，从坐标系 $OX_0Y_0Z_0$ 到坐标系 $OX_1Y_1Z_1$ 坐标变换为

$$
\begin{bmatrix} X_1 \\ Y_1 \\ Z_1 \end{bmatrix} = T_{10}(A_x, A_z, A_y) \begin{bmatrix} X_0 \\ Y_0 \\ Z_0 \end{bmatrix} \tag{3.1.8}
$$

其中，坐标变换矩阵为

$$
T_{10}(A_x, A_z, A_y) = T_x(A_x)T_z(A_z)T_y(A_y) \tag{3.1.9}
$$

1. 弹体坐标系与地面坐标系之间的关系与坐标变换

为了方便研究飞行器相对于地面坐标系的姿态，将地面坐标系平移至其原点与飞行器瞬时质心重合，显然，这并不会改变飞行器相对于地面坐标系的姿态。因为视地面坐标系为惯性坐标系，所以平移后得到的地面坐标系称为平移惯性坐标系。飞行器相对于地面坐标系的姿态，或者说，弹体坐标系相对于平移惯性坐标系的姿态可以用 3 个角度 (称为欧拉角) 来确定，分别定义如下。

俯仰角 ϑ：飞行器的纵轴 Ox_1 与水平面 Oxz 的夹角。飞行器纵轴指向水平面上方时为正。

偏航角 ψ：飞行器纵轴在水平面内的投影 (即图 3.1 中 Ox' 轴) 与平移惯性坐标系 Ox 轴之间的夹角。从正上方俯视，如果从 Ox 轴转至 Ox' 轴是逆时针旋转，则 ψ 角为正。

滚转角 γ：弹体坐标系的 Oy_1 轴与包含飞行器纵轴的铅垂平面 $Ox'y'$ 之间的夹角。从尾部沿纵轴前视，Oy_1 轴位于 $Ox'y'$ 平面的右侧，即飞行器向右倾斜，则 γ 为正。

以上定义的 3 个角参数，又称为飞行器的姿态角。事实上，按照上述 3 个角参数的定义，可以看出：将地面坐标系 $Axyz$ 平移至其原点与飞行器瞬时质心重合后得到平移惯性坐标系 $Oxyz$，采用 2-3-1 转序连续旋转的方法，首先使坐标系 $Oxyz$ 绕 Oy 轴转过角度 ψ 得到 $Ox'yz'$，然后使坐标系 $Ox'yz'$ 绕 Oz' 轴转过角度 ϑ 得到 $Ox_1y'z'$，最后使坐标系 $Ox_1y'z'$ 绕 Ox_1 轴转过角度 γ 便得到坐标系 $Ox_1y_1z_1$，如图 3.1 所示。

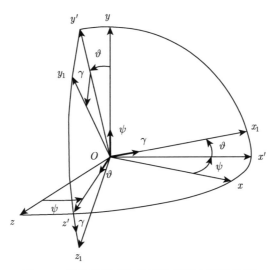

图 3.1 弹体坐标系与地面坐标系之间的关系

根据前面的叙述，可知从地面坐标系 $Axyz(Oxyz)$ 到弹体坐标系 $Ox_1y_1z_1$ 坐标变换为

$$\begin{bmatrix} x_1 \\ y_1 \\ z_1 \end{bmatrix} = T_{\mathrm{BI}}(\gamma, \vartheta, \psi) \begin{bmatrix} x \\ y \\ z \end{bmatrix} \tag{3.1.10}$$

其中，坐标变换矩阵为

$$T_{\mathrm{BI}}(\gamma, \vartheta, \psi) = T_x(\gamma)T_z(\vartheta)T_y(\psi) \tag{3.1.11}$$

经过简单计算，可得

$$T_{\mathrm{BI}}(\gamma, \vartheta, \psi)$$

$$= \begin{bmatrix} 1 & 0 & 0 \\ 0 & \cos\gamma & \sin\gamma \\ 0 & -\sin\gamma & \cos\gamma \end{bmatrix} \begin{bmatrix} \cos\vartheta & \sin\vartheta & 0 \\ -\sin\vartheta & \cos\vartheta & 0 \\ 0 & 0 & 1 \end{bmatrix} \begin{bmatrix} \cos\psi & 0 & -\sin\psi \\ 0 & 1 & 0 \\ \sin\psi & 0 & \cos\psi \end{bmatrix}$$

$$= \begin{bmatrix} \cos\vartheta\cos\psi & \sin\vartheta & -\cos\vartheta\sin\psi \\ \sin\psi\sin\gamma - \sin\vartheta\cos\psi\cos\gamma & \cos\vartheta\cos\gamma & \sin\vartheta\sin\psi\cos\gamma + \cos\psi\sin\gamma \\ \sin\vartheta\cos\psi\sin\gamma + \sin\psi\cos\gamma & -\cos\vartheta\sin\gamma & \cos\psi\cos\gamma - \sin\vartheta\sin\psi\sin\gamma \end{bmatrix} \tag{3.1.12}$$

2. 弹道坐标系与地面坐标系之间的关系与坐标变换

为研究方便，同样将地面坐标系 $Axyz$ 平移至其原点与飞行器瞬时质心重合后得到平移惯性坐标系 $Oxyz$。因为平移惯性坐标系的 Ox 轴和弹道坐标系的 Oz_2 轴均在水平面内，所以弹道坐标系相对于地面坐标系的姿态通常由 2 个角度来确定，分别定义如下。

弹道倾角θ：飞行器的速度矢量 V(即 Ox_2 轴) 与水平面的夹角。速度矢量指向水平面上方时为正。

弹道偏角ψ_V：飞行器的速度矢量 V 在水平面内的投影 (即图 3.2 中的 Ox' 轴) 与平移惯性坐标系 Ox 轴之间的夹角。迎 Oy 轴俯视，如果从 Ox 轴至 Ox' 轴的旋转是逆时针，那么 ψ_V 为正。

按照上述 2 个角参数的定义，可以看出：将地面坐标系 $Axyz$ 平移至其原点与飞行器瞬时质心重合后得到平移惯性坐标系 $Oxyz$，采用 2-3-1 转序连续旋转的方法，首先使坐标系 $Oxyz$ 绕 Oy 轴转过角度 ψ_V 得到坐标系 $Ox'yz_2$，然后使坐标系 $Ox'yz_2$ 绕 Oz_2 轴转过角度 θ 便得到坐标系 $Ox_2y_2z_2$，如图 3.2 所示。

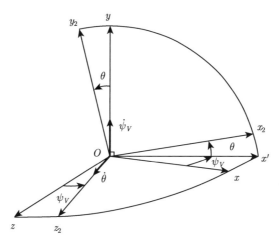

图 3.2 弹道坐标系与地面坐标系之间的关系

为了记法和表达形式上的统一, 可以认为最后使坐标系 $Ox_2y_2z_2$ 绕 Ox_1 轴转过 $0°$。根据前面的叙述, 可知从地面坐标系 $Axyz(Oxyz)$ 到弹道坐标系 $Ox_2y_2z_2$ 的坐标变换为

$$\left[\begin{array}{c} x_2 \\ y_2 \\ z_2 \end{array}\right] = T_{\mathrm{PI}}(0,\theta,\psi_V) \left[\begin{array}{c} x \\ y \\ z \end{array}\right] \tag{3.1.13}$$

其中, 坐标变换矩阵为

$$T_{\mathrm{PI}}(0,\theta,\psi_V) = T_x(0)T_z(\theta)T_y(\psi_V) = T_z(\theta)T_y(\psi_V) \tag{3.1.14}$$

经过简单计算, 可得

$$
\begin{aligned}
T_{\mathrm{PI}}(0,\theta,\psi_V) &= \left[\begin{array}{ccc} \cos\theta & \sin\theta & 0 \\ -\sin\theta & \cos\theta & 0 \\ 0 & 0 & 1 \end{array}\right] \left[\begin{array}{ccc} \cos\psi_V & 0 & -\sin\psi_V \\ 0 & 1 & 0 \\ \sin\psi_V & 0 & \cos\psi_V \end{array}\right] \\
&= \left[\begin{array}{ccc} \cos\theta\cos\psi_V & \sin\theta & -\cos\theta\sin\psi_V \\ -\sin\theta\cos\psi_V & \cos\theta & \sin\theta\sin\psi_V \\ \sin\psi_V & 0 & \cos\psi_V \end{array}\right]
\end{aligned} \tag{3.1.15}
$$

3. 弹体坐标系与速度坐标系之间的关系与坐标变换

因为速度坐标系的 Oy_3 轴与弹体坐标系的 Oy_1 轴均在飞行器的纵向对称面内, 所以弹体坐标系相对于速度坐标系的姿态关系可以由 2 个角度来确定, 分别定义如下。

攻角 α：飞行器的速度矢量 (Ox_3 轴) 在飞行器纵向对称面 Ox_1y_1 内的投影与 Ox_1 轴的夹角。Ox_1 轴位于投影线上方时，α 为正，此时产生正升力。

侧滑角 β：飞行器的速度矢量和飞行器纵向对称面 Ox_1y_1 的夹角。沿着飞行方向观察，若来流从右侧流向飞行器，β 为正，此时产生负侧向力。

按照攻角 α 和侧滑角 β 的定义，可以看出：采用 2-3-1 转序连续旋转的方法，首先使坐标系 $Ox_3y_3z_3$ 绕 Oy_3 轴转过角度 β 得到 $Ox'y_3z_1$，然后使坐标系 $Ox'y_3z_1$ 绕 Oz_1 轴转过角度 α 得到坐标系 $Ox_1y_1z_1$，如图 3.3 所示。

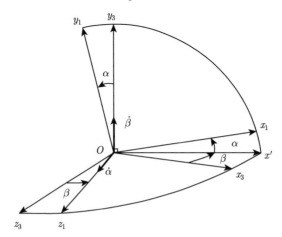

图 3.3　弹体坐标系与速度坐标系之间的关系

同样，为了记法和表达形式上的统一，可以认为最后使坐标系 $Ox_1y_1z_1$ 绕 Ox_1 轴转过 0°。于是，从速度坐标系 $Ox_3y_3z_3$ 到弹体坐标系 $Ox_1y_1z_1$ 的坐标变换为

$$
\begin{bmatrix} x_1 \\ y_1 \\ z_1 \end{bmatrix} = T_{\mathrm{BV}}(0,\alpha,\beta) \begin{bmatrix} x_3 \\ y_3 \\ z_3 \end{bmatrix} \tag{3.1.16}
$$

其中，坐标变换矩阵为

$$
T_{\mathrm{BV}}(0,\alpha,\beta) = T_x(0)T_z(\alpha)T_y(\beta) = T_z(\alpha)T_y(\beta) \tag{3.1.17}
$$

经过简单计算，可得

$$
T_{\mathrm{BV}}(0,\alpha,\beta) = \begin{bmatrix} \cos\alpha & \sin\alpha & 0 \\ -\sin\alpha & \cos\alpha & 0 \\ 0 & 0 & 1 \end{bmatrix} \begin{bmatrix} \cos\beta & 0 & -\sin\beta \\ 0 & 1 & 0 \\ \sin\beta & 0 & \cos\beta \end{bmatrix}
$$

$$
= \begin{bmatrix} \cos\alpha\cos\beta & \sin\alpha & -\cos\alpha\sin\beta \\ -\sin\alpha\cos\beta & \cos\alpha & \sin\alpha\sin\beta \\ \sin\beta & 0 & \cos\beta \end{bmatrix} \tag{3.1.18}
$$

4. 速度坐标系与弹道坐标系之间的关系与坐标变换

因为弹道坐标系的 Ox_2 轴和速度坐标系的 Ox_3 轴均与飞行器的速度矢量 V 重合，所以速度坐标系相对于弹道坐标系的姿态用一个角度即可确定，定义如下。

速度倾角 γ_V：位于飞行器纵向对称面内的 Oy_3 轴与包含速度矢量 V 的铅垂面 Ox_2y_2 之间的夹角。从尾部向前看，若纵向对称面向右倾斜，则 γ_V 为正，如图 3.4 所示。

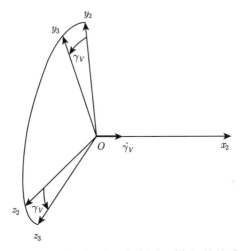

图 3.4   速度坐标系与弹道坐标系之间的关系

按照速度倾角 γ_V 的定义，可以看出，使弹道坐标系 $Ox_2y_2z_2$ 绕着 Ox_2 轴转过角度 γ_V，就可以获得速度坐标系 $Ox_3y_3z_3$。

为了记法和表达形式上的统一，可以认为：采用 2-3-1 转序连续旋转的方法，首先使坐标系 $Ox_2y_2z_2$ 分别先后绕 Oy_2 轴和 Oz_2 转过 $0°$，然后绕着 Ox_2 轴转过角度 γ_V，得到了速度坐标系 $Ox_3y_3z_3$。于是，从弹道坐标系 $Ox_2y_2z_2$ 到速度坐标系 $Ox_3y_3z_3$ 的坐标变换为

$$
\begin{bmatrix} x_3 \\ y_3 \\ z_3 \end{bmatrix} = T_{\mathrm{VP}}\left(\gamma_V,0,0\right) \begin{bmatrix} x_2 \\ y_2 \\ z_2 \end{bmatrix} \tag{3.1.19}
$$

其中，坐标变换矩阵为

$$
T_{\mathrm{VP}}\left(\gamma_V,0,0\right) = T_x(\gamma_V)T_z(0)T_y(0) = T_x(\gamma_V) \tag{3.1.20}
$$

显然

$$T_{\text{VP}}(\gamma_V, 0, 0) = \begin{bmatrix} 1 & 0 & 0 \\ 0 & \cos\gamma_V & \sin\gamma_V \\ 0 & -\sin\gamma_V & \cos\gamma_V \end{bmatrix} \tag{3.1.21}$$

3.2　飞行器六自由度运动模型

由经典力学可知, 任何一个自由运动的刚体在空间中的任意运动, 都可以视为刚体质心平移和绕质心转动的合成运动。可以利用牛顿第二定律和动量矩定理来建立刚体在空间中的六自由度运动方程组。然而, 在实际情况中, 高速飞行的飞行器在气动力和弹性力的相互作用下会造成外形的变化, 操纵机构 (如舵面) 的偏转也会相应地改变飞行器的外形。同时, 飞行器在巡航过程中也不是常质量的, 发动机会不断高速喷出燃料燃烧后的产物, 使飞行器的质量不断发生变化, 成为一个可变质量系。由于飞行器的质量和外形都会随着时间变化, 故研究飞行器的运动并不能直接应用经典力学理论, 而如果采用变质量力学来进行分析, 则又会使得方程过于复杂。因此, 完整描述飞行器在空间运动的数学模型是相当复杂的, 而且在不同研究阶段, 根据不同设计要求, 所需要建立的飞行器运动模型也不尽相同。

在飞行器控制系统设计的理论与方法研究阶段, 为使问题易于解决, 将变质量系的飞行器在任意瞬时视为一个虚拟的刚体, 即采用所谓的 "冻结原理"; 并忽略飞行器的结构形变、振动等次要因素。此时, 作用在这个虚拟的刚体上的力主要包括飞行器的外力 (如气动力、重力等)、反作用力 (推力) 等。采用 "冻结原理", 可以把每个研究瞬时的变质量系的飞行器运动基本方程写成常质量刚体形式, 从而建立起容易分析和处理的飞行器六自由度非线性运动模型。

飞行器的六自由度运动模型是一组复杂的非线性常微分方程。它由描述飞行器质心运动和姿态运动的动力学方程、运动学方程、气动数据模型、角度计算方程、质量与转动惯量计算方程以及控制关系方程组成。方程组的推导可以参考文献 [1] 或 [2], 为了后文的需要, 这里进行简要介绍。

3.2.1　飞行器质心运动的动力学方程

建立在弹道坐标系下的描述飞行器质心运动的动力学方程如下:

$$\begin{cases} \dfrac{\mathrm{d}V}{\mathrm{d}t} = \dfrac{1}{m}(P\cos\alpha\cos\beta - X - mg\sin\theta) \\[2mm] \dfrac{\mathrm{d}\theta}{\mathrm{d}t} = \dfrac{1}{mV}[P(\sin\alpha\cos\gamma_V + \cos\alpha\sin\beta\sin\gamma_V) + Y\cos\gamma_V - Z\sin\gamma_V - mg\cos\theta] \\[2mm] \dfrac{\mathrm{d}\psi_V}{\mathrm{d}t} = -\dfrac{1}{mV\cos\theta}[P(\sin\alpha\sin\gamma_V - \cos\alpha\sin\beta\cos\gamma_V) + Y\sin\gamma_V + Z\cos\gamma_V] \end{cases}$$
$$\tag{3.2.1}$$

其中，t 为时间；θ 为飞行器弹道倾角；ψ_V 为飞行器弹道偏角；m 为飞行器质量，它随着燃料燃烧产物的喷出而不断变化；g 为重力加速度；V 为飞行器速度；P 为发动机推力；X，Y 和 Z 分别为气动力在速度坐标系下的分量，分别称为阻力、升力和侧向力；$\mathrm{d}V / \mathrm{d}t$ 表示飞行器速度沿弹道切线的投影，称为切向加速度；$V\mathrm{d}\theta / \mathrm{d}t$ 表示飞行器质心加速度在铅垂面沿弹道法线的投影，称为法向加速度；$-V\cos\theta\mathrm{d}\psi_V / \mathrm{d}t$ 表示飞行器质心加速度的水平分量，称为侧向加速度。

3.2.2 飞行器绕质心转动的动力学方程

建立在弹体坐标系下的描述飞行器绕质心转动的动力学方程如下：

$$\begin{cases} \dfrac{\mathrm{d}\omega_{x_1}}{\mathrm{d}t} = \dfrac{M_{x_1}}{J_{x_1}} - \dfrac{J_{z_1} - J_{y_1}}{J_{x_1}}\omega_{z_1}\omega_{y_1} \\[2mm] \dfrac{\mathrm{d}\omega_{y_1}}{\mathrm{d}t} = \dfrac{M_{y_1}}{J_{y_1}} - \dfrac{J_{x_1} - J_{z_1}}{J_{y_1}}\omega_{x_1}\omega_{z_1} \\[2mm] \dfrac{\mathrm{d}\omega_{z_1}}{\mathrm{d}t} = \dfrac{M_{z_1}}{J_{z_1}} - \dfrac{J_{y_1} - J_{x_1}}{J_{z_1}}\omega_{y_1}\omega_{x_1} \end{cases} \tag{3.2.2}$$

其中，J_{x_1}，J_{y_1} 和 J_{z_1} 分别为飞行器对于弹体坐标系各轴的转动惯量，它们随着燃料燃烧产物的喷出而不断变化 (需注意的是，本书所研究的高超声速巡航飞行器具有轴对称锥形体外形，近似认为飞行器对弹体坐标系各轴的惯量积为零)；ω_{x_1}，ω_{y_1} 和 ω_{z_1} 分别为弹体坐标系相对地面坐标系的转动角速率 ω 在弹体坐标系各轴上的分量；$\mathrm{d}\omega_{x_1} / \mathrm{d}t$，$\mathrm{d}\omega_{y_1} / \mathrm{d}t$ 和 $\mathrm{d}\omega_{z_1} / \mathrm{d}t$ 分别为飞行器转动角加速度矢量在弹体坐标系各轴上的分量；M_{x_1}，M_{y_1} 和 M_{z_1} 分别为作用在飞行器上的所有合外力对质心的力矩在弹体坐标系各轴上的分量。后面为书写方便，省略式 (3.2.2) 中的脚注 "1"。

3.2.3 飞行器质心运动的运动学方程

建立在地面坐标系下的描述飞行器质心运动的运动学方程为

$$\begin{cases} \dfrac{\mathrm{d}x}{\mathrm{d}t} = V\cos\theta\cos\psi_V \\[2mm] \dfrac{\mathrm{d}y}{\mathrm{d}t} = V\sin\theta \\[2mm] \dfrac{\mathrm{d}z}{\mathrm{d}t} = -V\cos\theta\sin\psi_V \end{cases} \tag{3.2.3}$$

其中，x，y 和 z 表示飞行器质心在地面坐标系下的位置坐标。

3.2.4　飞行器绕质心转动的运动学方程

建立在地面坐标系下的描述飞行器绕质心转动的运动学方程为

$$
\begin{cases}
\dfrac{\mathrm{d}\vartheta}{\mathrm{d}t} = \omega_{y_1}\sin\gamma + \omega_{z_1}\cos\gamma \\[2mm]
\dfrac{\mathrm{d}\psi}{\mathrm{d}t} = \dfrac{1}{\cos\vartheta}\left(\omega_{y_1}\cos\gamma - \omega_{z_1}\sin\gamma\right) \\[2mm]
\dfrac{\mathrm{d}\gamma}{\mathrm{d}t} = \omega_{x_1} - \tan\vartheta\left(\omega_{y_1}\cos\gamma - \omega_{z_1}\sin\gamma\right)
\end{cases}
\tag{3.2.4}
$$

其中，ϑ，ψ 和 γ 分别为描述飞行器在地面坐标系下姿态的俯仰角、偏航角和滚转角。同样，为书写方便，省略式 (3.2.4) 中的脚注 "1"。

3.2.5　气动数据模型与推力数据模型

气动数据模型用于模拟飞行器所受的气动力和气动力矩对其飞行环境、飞行状态及结构特征之间的依赖关系。在实际飞行过程中，飞行器所受的气动力和气动力矩是无法获得的，只能通过风洞试验、理论计算和飞行试验来近似模拟。

按照工程习惯，气动力在速度坐标系下的分量，即阻力 X、升力 Y 和侧向力 Z 可表示为如下形式：

$$
\begin{cases}
X = QSC_{\mathrm{D}} \\
Y = QSC_{\mathrm{L}} \\
Z = QSC_{\mathrm{N}}
\end{cases}
\tag{3.2.5}
$$

其中，Q 为动压，$Q = 0.5\rho V^2$，ρ 为飞行器质心所在处的大气密度；S 为飞行器的特征面积；C_{D}，C_{L} 和 C_{N} 分别称为阻力系数、升力系数和侧向力系数，而气动力矩在弹体坐标系下的分量，即滚转力矩 M_x、偏航力矩 M_y 和俯仰力矩 M_z 可表示为如下形式：

$$
\begin{cases}
M_x = QSbm_x \\
M_y = QSbm_y \\
M_z = QScm_z
\end{cases}
\tag{3.2.6}
$$

其中，c 为纵向特征长度；b 为侧向特征长度；m_x，m_y 和 m_z 分别称为滚转力矩系数、偏航力矩系数和俯仰力矩系数。

一般来说，气动数据模型中的气动力和气动力矩系数依赖于飞行器的飞行状态信息。具体地说，它们是飞行器的速度 V，攻角 α，侧滑角 β，姿态角速率 ω_x, ω_y, ω_z，以及舵偏角 δ_{e}, δ_{a}, δ_{r} 等的非线性函数，其中 δ_{e}, δ_{a} 和 δ_{r} 分别为左升降舵偏角、右升降舵偏角和方向舵偏角。对于不同的飞行器，这些非线性函数是不同的，而且往往难以给出它们具体的表达式，只能以数据库的形式呈现。在这种情况下，气动数据模型实际上就成了一个 "黑箱"。

另外，飞行器发动机的推力则是飞行速度 V、高度 h 和燃油阀门开度 P_{LA} 等的非线性函数。同样，对于这个非线性函数也往往很难给出具体的表达式，只能以数据库的形式呈现。

3.2.6 角度计算方程

利用坐标转换矩阵的传递性可知存在如下关系式：

$$T_{\mathrm{BI}}(\gamma, \vartheta, \psi) = T_{\mathrm{BV}}(0, \alpha, \beta) T_{\mathrm{VP}}(\gamma_V, 0, 0) T_{\mathrm{PI}}(0, \theta, \psi_V)$$

即

$$T_{\mathrm{BI}}(\gamma, \vartheta, \psi) = T_{\mathrm{BV}}(0, \alpha, \beta) T_{\mathrm{VP}}(\gamma_V, 0, 0) T_z(\theta) T_y(\psi_V)$$

于是

$$T_{\mathrm{BV}}(0, \alpha, \beta) T_{\mathrm{VP}}(\gamma_V, 0, 0) = T_{\mathrm{BI}}(\gamma, \vartheta, \psi) T_y^{-1}(\psi_V) T_z^{-1}(\theta) = T_{\mathrm{BI}}(\gamma, \vartheta, \psi) T_y^{\mathrm{T}}(\psi_V) T_z^{\mathrm{T}}(\theta)$$

通过计算，并比较两边所得矩阵中的第 $(1,2)$, $(1,3)$, $(3,2)$ 和 $(3,3)$ 元素可得

$$
\begin{cases}
\sin \beta = \cos \theta [\cos \gamma \sin(\psi - \psi_V) + \sin \vartheta \sin \gamma \cos(\psi - \psi_V)] - \sin \theta \cos \vartheta \sin \gamma \\
\sin \alpha \cos \beta = \cos \theta [\sin \vartheta \cos \gamma \cos(\psi - \psi_V) - \sin \gamma \sin(\psi - \psi_V)] - \sin \theta \cos \vartheta \cos \gamma \\
\sin \gamma_V \cos \beta = \sin \theta [\cos \gamma \sin(\psi - \psi_V) + \sin \vartheta \sin \gamma \cos(\psi - \psi_V)] + \cos \theta \cos \vartheta \sin \gamma \\
\cos \gamma_V \cos \beta = \cos \gamma \cos(\psi - \psi_V) - \sin \vartheta \sin \gamma \sin(\psi - \psi_V)
\end{cases}
$$

$$(3.2.7)$$

由上述等式，可以计算得到攻角 $\alpha \in (-0.5\pi, 0.5\pi)$，侧滑角 $\beta \in (-0.5\pi, 0.5\pi)$，以及速度倾角 $\gamma_V \in (-0.5\pi, 1.5\pi)$ 的值。

3.2.7 质量与转动惯量变化方程

飞行器的质量变化方程为

$$\frac{\mathrm{d}m}{\mathrm{d}t} = -m_{\mathrm{c}}(t), \quad m_{\mathrm{e}} \leqslant m \leqslant m_{\mathrm{f}} \tag{3.2.8}$$

其中，$m_{\mathrm{c}}(t)$ 为质量变化率；m_{e} 为空载质量；m_{f} 为满载质量。

假设飞行器质量分布始终是均匀的，则飞行器转动惯量可由下式近似计算：

$$
\begin{cases}
J_x = J_{x\mathrm{f}} + \dfrac{J_{x\mathrm{e}} - J_{x\mathrm{f}}}{m_{\mathrm{e}} - m_{\mathrm{f}}} (m - m_{\mathrm{f}}) \\[2mm]
J_y = J_{y\mathrm{f}} + \dfrac{J_{y\mathrm{e}} - J_{y\mathrm{f}}}{m_{\mathrm{e}} - m_{\mathrm{f}}} (m - m_{\mathrm{f}}) \\[2mm]
J_z = J_{z\mathrm{f}} + \dfrac{J_{z\mathrm{e}} - J_{z\mathrm{f}}}{m_{\mathrm{e}} - m_{\mathrm{f}}} (m - m_{\mathrm{f}})
\end{cases}
\tag{3.2.9}
$$

其中，$J_{x\mathrm{f}}$, $J_{y\mathrm{f}}$ 和 $J_{z\mathrm{f}}$ 为满载时的转动惯量；$J_{x\mathrm{e}}$, $J_{y\mathrm{e}}$ 和 $J_{z\mathrm{e}}$ 为空载时的转动惯量。

3.2.8　控制关系方程

为了实现对飞行器的控制, 必须给出适当的控制关系方程或者控制律, 即根据目标运动状态信息、飞行器的期望飞行状态信息以及实际飞行状态信息来设计出左升降舵偏角、右升降舵偏角和方向舵偏角的偏转规律:

$$\begin{cases} \delta_{\mathrm{e}} = \chi_{\mathrm{e}}(\cdot) \\ \delta_{\mathrm{a}} = \chi_{\mathrm{a}}(\cdot) \\ \delta_{\mathrm{r}} = \chi_{\mathrm{r}}(\cdot) \end{cases} \tag{3.2.10}$$

其中, $\chi_{\mathrm{e}}(\cdot)$, $\chi_{\mathrm{a}}(\cdot)$ 和 $\chi_{\mathrm{r}}(\cdot)$ 为待定函数。同时, 为了控制飞行速度, 还需要根据实际速度和期望速度设计出燃油阀门开度 P_{LA} 的变化规律:

$$P_{\mathrm{LA}} = \chi_{P_{\mathrm{LA}}}(\cdot) \tag{3.2.11}$$

其中, $\chi_{P_{\mathrm{LA}}}(\cdot)$ 为待定函数。如何求取这些函数以控制飞行器实现既定的飞行任务, 是本书后续章节的主要研究目标。

3.3　面向控制的飞行器姿态系统模型

3.2 节建立了飞行器的六自由度运动模型, 它由一组复杂的非线性常微分方程所构成。因此, 难以直接利用其进行飞行器的控制系统设计。本节将对其进行适当的简化, 并在对高超声速飞行器 Winged-Cone 模型进行气动特性分析的基础上, 建立起其面向控制的姿态系统模型。

3.3.1　飞行器姿态系统的非线性模型

弹体坐标系下飞行器质心运动的动力学方程为

$$m\frac{\mathrm{d}V_{\mathrm{A}}}{\mathrm{d}t} = m\left(\frac{\delta V_{\mathrm{A}}}{\delta t} + \omega \times V_{\mathrm{A}}\right) = F \tag{3.3.1}$$

其中, V_{A} 为飞行器速度, 它在弹体坐标系下的投影为 $[\, u \quad v \quad w \,]^{\mathrm{T}}$; ω 为弹体坐标系相对于地面坐标系的转动角速率, 它在弹体坐标系下的投影为 $[\omega_x \quad \omega_y \quad \omega_z]^{\mathrm{T}}$; F 为飞行器所受外力 (主要包括气动力、推力和重力), 它在弹体坐标系下的投影为 $[\, F_x \quad F_y \quad F_z \,]^{\mathrm{T}}$; $\mathrm{d}V_{\mathrm{A}} / \mathrm{d}t$ 为 V_{A} 在惯性坐标系中的导数; $\delta V_{\mathrm{A}} / \delta t$ 为矢量 V_{A} 在弹体坐标系中的导数。$\omega\times$ 矩阵形式为

$$\omega\times = \begin{bmatrix} 0 & -\omega_z & \omega_y \\ \omega_z & 0 & -\omega_x \\ -\omega_y & \omega_x & 0 \end{bmatrix} \tag{3.3.2}$$

于是, 有

$$\begin{cases} m(\dot{u} - \omega_z v + \omega_y w) = F_x \\ m(\dot{v} + \omega_z u - \omega_x w) = F_y \\ m(\dot{w} - \omega_y u + \omega_x v) = F_z \end{cases} \tag{3.3.3}$$

另外, 飞行器速度在速度坐标系下的投影为 $[\ V\ \ 0\ \ 0\ ]^{\mathrm{T}}$, 故

$$\begin{bmatrix} u \\ v \\ w \end{bmatrix} = T_{\mathrm{BV}}(0, \alpha, \beta) \begin{bmatrix} V \\ 0 \\ 0 \end{bmatrix} \tag{3.3.4}$$

其中, $T_{\mathrm{BV}}(0, \alpha, \beta)$ 为速度坐标系到弹体坐标系的坐标变换矩阵, 见式 (3.1.18)。于是, 有

$$\begin{cases} u = V \cos\alpha \cos\beta \\ v = -V \sin\alpha \cos\beta \\ w = V \sin\beta \end{cases} \tag{3.3.5}$$

由此可得

$$\begin{cases} \beta = \arcsin\left(\dfrac{w}{V}\right) \\ \alpha = -\arctan\left(\dfrac{v}{u}\right) \end{cases} \tag{3.3.6}$$

故

$$\dot{\beta} = \frac{F_z}{mV\cos\beta} + \omega_x \sin\alpha + \omega_y \cos\alpha - \frac{\dot{V}\tan\beta}{V} \tag{3.3.7}$$

$$\dot{\alpha} = -\omega_x \tan\beta \cos\alpha + \omega_y \tan\beta \sin\alpha + \omega_z - \frac{F_x \sin\alpha + F_y \cos\alpha}{mV\cos\beta} \tag{3.3.8}$$

由于

$$V^2 = u^2 + v^2 + w^2 \tag{3.3.9}$$

故

$$V\dot{V} = u\dot{u} + v\dot{v} + w\dot{w}w\dot{w} \tag{3.3.10}$$

结合式 (3.3.3) 和式 (3.3.5), 可得

$$\begin{aligned} \dot{V} &= \frac{u\dot{u} + v\dot{v} + w\dot{w}}{V} \\ &= \cos\alpha\cos\beta\left(\frac{F_x}{m} - \omega_z V \sin\alpha\cos\beta - \omega_y V \sin\beta\right) \\ &\quad - \sin\alpha\cos\beta\left(\frac{F_y}{m} - \omega_z V \cos\alpha\cos\beta + \omega_x V \sin\beta\right)w\dot{w} \end{aligned}$$

$$+ \sin\beta \left(\frac{F_z}{m} + \omega_y V \cos\alpha\cos\beta + \omega_x V \sin\alpha\cos\beta \right)$$

$$= \frac{F_x \cos\alpha\cos\beta}{m} - \frac{F_y \sin\alpha\cos\beta}{m} + \frac{F_z \sin\beta}{m} \tag{3.3.11}$$

将式 (3.3.11) 代入式 (3.3.7) 中进一步计算，可得

$$\dot{\beta} = \omega_x \sin\alpha + \omega_y \cos\alpha - \frac{F_x \cos\alpha\sin\beta}{mV} + \frac{F_y \sin\alpha\sin\beta}{mV} + \frac{F_z \cos\beta}{mV} \tag{3.3.12}$$

由于飞行器所受的气动力沿速度坐标系各轴的分量为 X, Y, Z，推力 P 与弹体坐标系 Ox_1 轴重合，重力 $G = mg$ 沿地面坐标系 Ay 轴的负方向，故飞行器所受合外力沿弹体坐标系各轴的分量 F_x, F_y, F_z 满足如下关系：

$$\begin{bmatrix} F_x \\ F_y \\ F_z \end{bmatrix} = \begin{bmatrix} P \\ 0 \\ 0 \end{bmatrix} + T_{\mathrm{BV}}(0, \alpha, \beta) \begin{bmatrix} X \\ Y \\ Z \end{bmatrix} + T_{\mathrm{BI}}(\gamma, \vartheta, \psi) \begin{bmatrix} 0 \\ -mg \\ 0 \end{bmatrix} \tag{3.3.13}$$

其中，$T_{\mathrm{BI}}(\gamma, \vartheta, \psi)$ 为平移惯性坐标系到弹体坐标系的坐标变换矩阵，见式 (3.1.12)。于是，有

$$\begin{bmatrix} F_x \\ F_y \\ F_z \end{bmatrix} = \begin{bmatrix} P + X\cos\alpha\cos\beta + Y\sin\alpha - Z\cos\alpha\sin\beta - mg\sin\vartheta \\ -X\sin\alpha\cos\beta + Y\cos\alpha + Z\sin\alpha\sin\beta - mg\cos\vartheta\cos\gamma \\ X\sin\beta + Z\cos\beta + mg\cos\vartheta\sin\gamma \end{bmatrix} \tag{3.3.14}$$

将式 (3.3.14) 代入式 (3.3.8) 和式 (3.3.12) 中，可得

$$\begin{aligned} \dot{\beta} =& \omega_x \sin\alpha + \omega_y \cos\alpha + \frac{Z}{mV} - \frac{P\cos\alpha\sin\beta}{mV} \\ &+ \frac{g}{V}(\sin\vartheta\cos\alpha\sin\beta - \cos\vartheta\cos\gamma\sin\alpha\sin\beta \\ &+ \cos\vartheta\sin\gamma\cos\beta) \end{aligned} \tag{3.3.15}$$

$$\begin{aligned} \dot{\alpha} =& -\omega_x \tan\beta\cos\alpha + \omega_y \tan\beta\sin\alpha + \omega_z \\ &- \frac{Y}{mV\cos\beta} - \frac{P\sin\alpha}{mV\cos\beta} \\ &+ \frac{g}{V\cos\beta}(\sin\vartheta\sin\alpha + \cos\vartheta\cos\gamma\cos\alpha) \end{aligned} \tag{3.3.16}$$

由此，结合式 (3.2.4) 中的第三式以及式 (3.2.2) 可得飞行器姿态系统的非线性基本模型：

$$
\left\{
\begin{aligned}
\dot{\gamma} &= \omega_x - \omega_y \tan\vartheta\cos\gamma + \omega_z \tan\vartheta\sin\gamma \\
\dot{\beta} &= \omega_x \sin\alpha + \omega_y \cos\alpha + \frac{Z}{mV} - \frac{P\cos\alpha\sin\beta}{mV} + \frac{g}{V} \\
&\quad \cdot (\sin\vartheta\cos\alpha\sin\beta - \cos\vartheta\cos\gamma\sin\alpha\sin\beta + \cos\vartheta\sin\gamma\cos\beta) \\
\dot{\alpha} &= -\omega_x \tan\beta\cos\alpha + \omega_y \tan\beta\sin\alpha + \omega_z - \frac{Y}{mV\cos\beta} - \frac{P\sin\alpha}{mV\cos\beta} \\
&\quad + \frac{g}{V\cos\beta}(\sin\vartheta\sin\alpha + \cos\vartheta\cos\gamma\cos\alpha) \\
\dot{\omega}_x &= \frac{J_y - J_z}{J_x}\omega_z\omega_y + \frac{M_x}{J_x} \\
\dot{\omega}_y &= \frac{J_z - J_x}{J_y}\omega_x\omega_z + \frac{M_y}{J_y} \\
\dot{\omega}_z &= \frac{J_x - J_y}{J_z}\omega_y\omega_x + \frac{M_z}{J_z}
\end{aligned}
\right.
\tag{3.3.17}
$$

考虑到高超声速飞行器的姿态控制系统的真正输入为左升降舵偏角 δ_e、右升降舵偏角 δ_a 和方向舵偏角 δ_r，以及实现速度控制的燃油阀门开度 P_{LA}。因此，为了进行控制算法设计，还必须给出式 (3.3.17) 中 Y, Z, P, M_x, M_y 及 M_z 和控制输入之间的函数关系。也就是说，需要知道飞行器的气动数据模型。

3.3.2 高超声速飞行器 Winged-Cone 气动数据模型分析

在美国 NASA 高超声速飞行器研究基金的资助下，加利福尼亚州立大学多学科飞行动力学与控制实验室的 Keshmiri 等基于 CFD 计算数据和风洞测试数据，采用多项式拟合方法建立了高超声速飞行器 Winged-Cone 的气动力和气动力矩系数的解析表达式。该气动数据模型目前被学术界广泛采用作为基础平台进行高超声速飞行器制导与控制方法的研究。

这些气动系数包括升力系数 C_L、阻力系数 C_D、侧向力系数 C_N、滚转力矩系数 m_x、偏航力矩系数 m_y 和俯仰力矩系数 m_z，它们均被表示成速度 V(马赫数 M)，攻角 α，侧滑角 β，姿态角速率 ω_x, ω_y, ω_z，左升降舵偏角 δ_e，右升降舵偏角 δ_a，以及方向舵偏角 δ_r 的非线性函数。它们的具体表达式分别为

$$
\left\{
\begin{aligned}
C_L &= C_{L0} + C_{L\delta_a} + C_{L\delta_e} \\
C_D &= C_{D0} + C_{D\delta_a} + C_{D\delta_e} + C_{D\delta_r} \\
C_N &= C_{N\beta}\beta + C_{N0} + C_{N\delta_a} + C_{N\delta_e} + C_{N\delta_r} \\
m_x &= m_{x\beta}\beta + m_{x\delta_a} + m_{x\delta_e} + m_{x\delta_r} + m_{xx}\frac{\omega_x b}{2V} + m_{xy}\frac{\omega_y b}{2V} \\
m_y &= m_{y\beta}\beta + m_{y\delta_a} + m_{y\delta_e} + m_{y\delta_r} + m_{yx}\frac{\omega_x b}{2V} + m_{yy}\frac{\omega_y b}{2V} \\
m_z &= m_{z0} + m_{z\delta_a} + m_{z\delta_e} + m_{z\delta_r} + m_{zz}\frac{\omega_z c}{2V}
\end{aligned}
\right.
\tag{3.3.18}
$$

上述各式中等号右侧的每一项或者每一项的系数在不同飞行马赫数范围内具有不同的表达式。本书主要用到高超声速马赫数范围内的气动数据,其详细表达式见附录 II。

另外,高超声速飞行器发动机的推力 P 是飞行马赫数 M、高度 h 和燃油阀门开度 P_{LA} 的非线性函数,即

$$P = T(M, h, P_{LA}) \tag{3.3.19}$$

其中,T 在不同飞行马赫数范围内具有不同的表达式。本书主要用到高超声速马赫数范围内的推力数据模型,其详细表达式见附录 III。

1. 气动耦合特性分析

定义数学意义上的滚转舵偏角、偏航舵偏角和俯仰舵偏角 δ_x,δ_y 和 δ_z 分别为

$$\begin{cases} \delta_x = \dfrac{\delta_e - \delta_a}{2} \\[2mm] \delta_y = \delta_r \\[2mm] \delta_z = \dfrac{\delta_e + \delta_a}{2} \end{cases} \tag{3.3.20}$$

则很容易看出数学舵偏角 δ_x,δ_y,δ_z 与物理舵偏角 δ_a,δ_r,δ_e 形成一一对应的关系。

通过上述处理以及对 Winged-Cone 气动数据的分析,可以得知升力系数 C_L、侧向力系数 C_N、滚转力矩系数 m_x、偏航力矩系数 m_y 和俯仰力矩系数 m_z 可以近似地表示为

$$\begin{cases} C_L \approx \bar{C}_L(V, \alpha, \delta_z) \\ C_N \approx \bar{C}_N(V, \alpha, \delta_x, \delta_r) \\ m_x \approx \bar{m}_x(V, \alpha, \beta, \omega_x, \omega_y, \delta_x, \delta_r) \\ m_y \approx \bar{m}_y(V, \alpha, \beta, \omega_x, \omega_y, \delta_x, \delta_r) \\ m_z \approx \bar{m}_z(V, \alpha, \omega_z, \delta_z) \end{cases} \tag{3.3.21}$$

其中,$\bar{C}_L$,$\bar{C}_N$,$\bar{m}_x$,$\bar{m}_y$ 和 $\bar{m}_z$ 分别表示 C_L,C_N,m_x,m_y 和 m_z 的主要部分。同时可以看出,滚转通道和偏航通道有比较严重的气动耦合,俯仰通道的运动会影响滚转通道和偏航通道的气动力和气动力矩,但是滚转通道和偏航通道的运动对俯仰通道的气动力和气动力矩影响较小。

2. 升阻比特性分析

飞行器的升力系数主要受飞行马赫数和攻角等因素的影响。图 3.5 给出了零舵偏角时升力系数在不同马赫数下随攻角的变化曲线。可以看出,升力系数近似和

攻角呈线性关系，随攻角的增大而线性增大。还可以看出，马赫数不太大时，升力系数随马赫数的增大而减小。

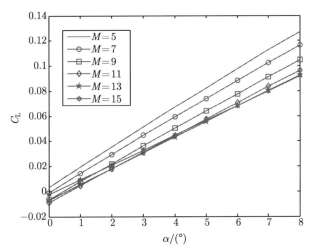

图 3.5　升力系数在不同马赫数下随攻角的变化曲线

图 3.6 给出了零舵偏角时飞行器的阻力系数在不同马赫数下随攻角的变化曲线。可以看出，飞行器的阻力系数随攻角的变化呈现近似指数特性，随着攻角的增大而增大。还可以看出，阻力系数随马赫数的增大而减小。

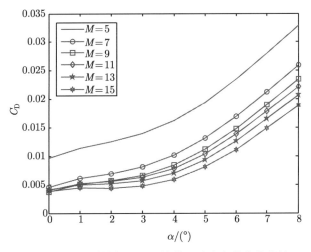

图 3.6　阻力系数在不同马赫数下随攻角的变化曲线

图 3.7 给出了零舵偏角时飞行器的升阻比曲线。从图中可以看出，从总体上讲，升阻比在攻角为 $4°$ 附近达到峰值。

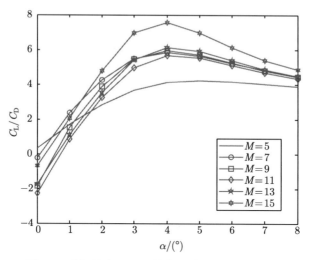

图 3.7　升阻比在不同马赫数下随攻角的变化曲线

3. 静稳定性分析

假设飞行器处于力矩平衡状态, 当飞行器受到干扰力矩作用后, 其运动会偏离原平衡状态。飞行器的静稳定性是指在外界干扰作用消失的瞬间其运动状态的变化趋势。当干扰作用消失后, 飞行器本身的气动特性具有使其恢复、远离, 或既不恢复也不远离平衡位置的趋势, 分别称其为静稳定、静不稳定和中立稳定。飞行器的静稳定性与其气动布局以及本身的内部结构紧密相关。

1) 纵向静稳定性

飞行器的纵向静稳定性主要取决于俯仰力矩系数对攻角的偏导数 m_z^α 的符号, 其判断准则如表 3.1 所示。

表 3.1　纵向静稳定性判断准则

俯仰力矩系数对攻角的偏导数	纵向静稳定性
$m_z^\alpha < 0$	静稳定
$m_z^\alpha = 0$	中立稳定
$m_z^\alpha > 0$	静不稳定

为了分析飞行器纵向运动的静稳定性, 依次选取马赫数 M 为 5, 7, 9, 11, 13, 15, 在不同攻角条件下, 得到俯仰力矩系数对攻角的偏导数 m_z^α 的变化曲线如图 3.8 所示。

如图 3.8 可知, 当飞行器的飞行速度不是太大 (小于约 13 马赫) 时, 飞行器的纵向运动是静稳定的; 当飞行器的飞行速度较大 (大于约 13 马赫) 时, 当飞行器以较小攻角飞行时为纵向静不稳定的, 而当攻角较大时, 则变为纵向静稳定的。

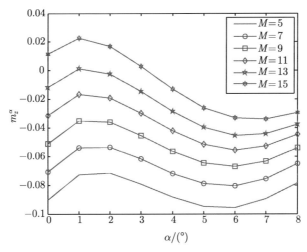

图 3.8　俯仰力矩系数对攻角的偏导数在不同马赫数下随攻角的变化曲线

2) 侧向静稳定性

飞行器的侧向静稳定性包括横向静稳定性和航向静稳定性。横向静稳定性主要取决于滚转力矩系数对侧滑角的偏导数 m_x^β 的符号，航向静稳定性主要取决于偏航力矩系数对侧滑角的偏导数 m_y^β 的符号。飞行器侧向静稳定性判断准则如表 3.2 所示。

表 3.2　侧向静稳定性判断准则

偏航力矩系数对侧滑角的偏导数	侧向静稳定性
$m_x^\beta < 0$	横向静稳定
$m_x^\beta = 0$	横向中立稳定
$m_x^\beta > 0$	横向静不稳定
$m_y^\beta < 0$	航向静稳定
$m_y^\beta = 0$	航向中立稳定
$m_y^\beta > 0$	航向静不稳定

为了沿飞行弹道分析高超声速飞行器侧向运动的静稳定性，依次选取马赫数 M 为 5, 7, 9, 11, 13, 15，在不同攻角条件下，得到零侧滑角处 (因为飞行器采用 BTT 控制方式，故侧滑角始终保持在零附近) 滚转力矩系数对侧滑角的偏导数 m_x^β 和偏航力矩系数对侧滑角的偏导数 m_y^β 的变化曲线，如图 3.9 和图 3.10 所示。

(1) 横向静稳定性。

由图 3.9 可知，滚转力矩系数对侧滑角的偏导数 m_x^β 的符号始终为负，故飞行器是横向静稳定的。

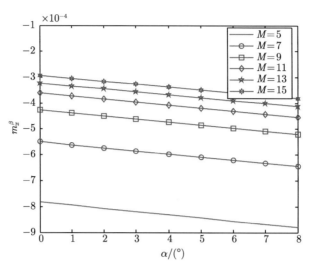

图 3.9　滚转力矩系数对侧滑角的偏导数在不同马赫数下随攻角的变化曲线

(2) 航向静稳定性。

由图 3.10 可知，偏航力矩系数对侧滑角的偏导数 m_y^β 的符号在低马赫数情况下为正，高马赫数情况下为负，故飞行器低速情况下航向静不稳定，高速情况下是航向静稳定的。

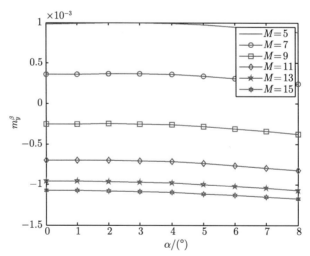

图 3.10　偏航力矩系数对侧滑角的偏导数在不同马赫数下随攻角的变化曲线

3.3.3　高超声速飞行器面向控制的姿态系统模型

考虑非线性系统：

$$\begin{cases} \dot{x} = f(x, u, \chi) \\ y = Cx \end{cases} \tag{3.3.22}$$

其中，$x \in \mathbf{R}^n$ 为系统状态；$u \in \mathbf{R}^r$ 为系统输入；$y \in \mathbf{R}^m$ 为系统输出；$\chi \in \mathbf{R}^l$ 为时变参量。设

$$\begin{cases} \dot{x}_{\mathrm{e}} = f(x_{\mathrm{e}}, u_{\mathrm{e}}, \chi) \\ y_{\mathrm{e}} = Cx_{\mathrm{e}} \end{cases} \tag{3.3.23}$$

为系统的一个标称解。于是可得系统 (3.3.22) 沿着该标称解的近似线性化系统为

$$\begin{cases} \dot{x}_{\Delta} = Ax_{\Delta} + Bu_{\Delta} \\ y_{\Delta} = Cx_{\Delta} \end{cases} \tag{3.3.24}$$

其中，$x_{\Delta} = x - x_{\mathrm{e}}$；$y_{\Delta} = y - y_{\mathrm{e}}$；$u_{\Delta} = u - u_{\mathrm{e}}$，

$$A = \left. \frac{\partial f}{\partial x} \right|_{(x_{\mathrm{e}}, u_{\mathrm{e}}, \chi)}, \quad B = \left. \frac{\partial f}{\partial u} \right|_{(x_{\mathrm{e}}, u_{\mathrm{e}}, \chi)}$$

根据 Lyapunov 稳定性理论，若设计控制器

$$u_{\Delta} = Kx_{\Delta} \tag{3.3.25}$$

使得系统 (3.3.24) 渐近稳定，则可以实现系统 (3.3.22) 的输出对于标称信号的局部渐近跟踪。或者说，控制律

$$u = Kx + (u_{\mathrm{e}} - Kx_{\mathrm{e}}) \tag{3.3.26}$$

可以实现系统 (3.3.22)，或者说系统

$$\begin{cases} \dot{x} = Ax + Bu + (\dot{x}_{\mathrm{e}} - Ax_{\mathrm{e}} - Bu_{\mathrm{e}}) + o \\ y = Cx \end{cases} \tag{3.3.27}$$

的输出对于标称信号的局部渐近跟踪。控制律 (3.3.26) 又可以看作两个部分的叠加，一部分为反馈控制部分，即 Kx，主要用于实现对于线性部分

$$\begin{cases} \dot{x} = Ax + Bu \\ y = Cx \end{cases} \tag{3.3.28}$$

的镇定；另一部分为前馈控制部分，即 $u_{\mathrm{e}} - Kx_{\mathrm{e}}$，它与反馈控制器及标称信号相关，主要用于实现系统 (3.3.22) 或者说系统 (3.3.27) 的输出实现对于标称信号的局部渐近跟踪。实际上，对于线性系统 (3.3.28)，可以设计如下形式的控制律：

$$u = Kx + Gy_{\mathrm{e}} \tag{3.3.29}$$

其中，G 为前馈控制器，使得系统的输出实现对于标称信号的渐近跟踪 (具体内容将在第 4 章介绍)。这些启发我们，如果将系统 (3.3.28) 看成是系统 (3.3.22) 的一个近似，那么设计如下的控制律：

$$u = Kx + Gr \tag{3.3.30}$$

其中，r 为适当的修正参考信号，也可以实现系统 (3.3.22) 或者说系统 (3.3.27) 的输出对于标称信号的局部渐近跟踪。

　　结合上述讨论，对于高超声速飞行器，确定了飞行器的质点弹道后，便可以沿弹道选择若干个具有代表性的点作为特征点，在特征点上建立飞行器姿态系统的形如式 (3.3.28) 所示的近似线性化模型，并且设计形如式 (3.3.30) 所示的局部控制律，其中 r 可取为制导信号，然后按照某种增益协调策略得到飞行器沿弹道的全局控制律。

　　另外，高超声速飞行器的高速、大机动、远射程等性能指标要求使得传统的侧滑转弯 (STT) 控制方案已无法满足。为实现任意方向的机动，充分利用飞行器的升阻比，提高飞行器的气动稳定性，并且能与吸气式超燃冲压发动机兼容，采用 BTT 控制方案具有明显的优势。为充分考虑各通道间的耦合特性并尽可能地给出简单易行的设计方案，就必须根据高超声速飞行器实际的物理模型进行三通道间的耦合特性分析，给出合理的并适合控制设计的通道划分方案。根据前面的分析可知，对于高超声速飞行器 Winged-Cone 模型，滚转通道和偏航通道有比较严重的气动耦合，俯仰通道的运动会影响滚转通道和偏航通道的气动力和力矩，但是滚转通道和偏航通道的运动对俯仰通道的气动力和力矩影响很小。而且还可以看出，俯仰舵主要影响俯仰运动，而偏航舵和滚转舵主要影响偏航运动和滚转运动。因此，在进行控制系统设计时，将滚转和偏航两个通道合并考虑，而俯仰通道单独考虑。

　　综合上述讨论，可以建立分通道的高超声速飞行器姿态控制系统的近似线性化状态空间模型如下所述。

1. 俯仰通道的姿态系统模型

选取状态变量、输入和输出如下：

$$x = \begin{bmatrix} \omega_z \\ \alpha \end{bmatrix}, \quad u = \delta_z, \quad y = \alpha$$

可得飞行器俯仰通道姿态系统的状态方程如下：

$$\begin{cases} \dot{x} = A_{\mathrm{p}}x + B_{\mathrm{p}}u \\ y = C_{\mathrm{p}}x + D_{\mathrm{p}}u \end{cases} \tag{3.3.31}$$

其中

$$A_{\mathrm{p}} = \begin{bmatrix} m_z^{\omega_z}QSc/J_z & m_z^{\alpha}QSc/J_z \\ 1 & -(C_{\mathrm{L}}^{\alpha}QS + P - mg\sin\vartheta)/(mV) \end{bmatrix}$$

$$B_{\mathrm{p}} = \begin{bmatrix} m_z^{\delta_z}QSc/J_z \\ -C_{\mathrm{L}}^{\delta_z}QS/(mV) \end{bmatrix}$$

$$C_{\mathrm{p}} = \begin{bmatrix} 0 & 1 \end{bmatrix}$$

$$D_{\mathrm{p}} = 0$$

$m_z^{\omega_z}$, m_z^{α} 和 $m_z^{\delta_z}$ 分别表示俯仰力矩系数 m_z 对俯仰角速率 ω_z、攻角 α 和俯仰舵偏角 δ_z 的偏导数；C_{L}^{α} 和 $C_{\mathrm{L}}^{\delta_z}$ 分别表示升力系数 C_{L} 对 α 和 δ_z 的偏导数。它们可以通过飞行器在特征点上的状态利用气动数据模型进行数值计算求取。

2. 滚转/偏航通道的姿态系统模型

选取状态变量、输入和输出如下：

$$x = [\omega_x \quad \gamma \quad \omega_y \quad \beta]^{\mathrm{T}}, \quad u = [\delta_x \quad \delta_y]^{\mathrm{T}}, \quad y = [\gamma \quad \beta]^{\mathrm{T}}$$

可得飞行器滚转/偏航通道姿态系统的状态方程如下：

$$\begin{cases} \dot{x} = A_{\mathrm{ry}}x + B_{\mathrm{ry}}u \\ y = C_{\mathrm{ry}}x + D_{\mathrm{ry}}u \end{cases} \tag{3.3.32}$$

其中

$$A_{\mathrm{ry}} = \begin{bmatrix} m_x^{\omega_x}QSb/J_x & 0 & m_x^{\omega_y}QSb/J_x & m_x^{\beta}QSb/J_x \\ 1 & 0 & -\tan\vartheta\cos\gamma & 0 \\ m_y^{\omega_x}QSb/J_y & 0 & m_y^{\omega_y}QSb/J_y & m_y^{\beta}QSb/J_y \\ 0 & g\cos\vartheta\cos\gamma/V & 1 & (C_{\mathrm{N}}^{\beta}QS - P + mg\sin\vartheta)/(Vm) \end{bmatrix}$$

$$B_{\mathrm{ry}} = \begin{bmatrix} m_x^{\delta_x}QSb/J_x & m_x^{\delta_y}QSb/J_x \\ 0 & 0 \\ m_y^{\delta_x}QSb/J_y & m_y^{\delta_y}QSb/J_y \\ C_{\mathrm{N}}^{\delta_x}QS/(mV) & C_{\mathrm{N}}^{\delta_y}QS/(mV) \end{bmatrix}$$

$$C_{\mathrm{ry}} = \begin{bmatrix} 0 & 1 & 0 & 0 \\ 0 & 0 & 0 & 1 \end{bmatrix}$$

$$D_{\mathrm{ry}} = 0_{2\times 2}$$

$m_x^{\omega_x}$, $m_x^{\omega_y}$, m_x^{β}, $m_x^{\delta_x}$ 和 $m_x^{\delta_y}$ 分别表示滚转力矩系数 m_x 对滚转角速率 ω_x、偏航角速率 ω_y、侧滑角 β、滚转舵偏角 δ_x 和偏航舵偏角 δ_y 的偏导数；$m_y^{\omega_x}$, $m_y^{\omega_y}$, m_y^{β}, $m_y^{\delta_x}$ 和 $m_y^{\delta_y}$ 分别表示偏航力矩系数 m_y 对 ω_x, ω_y, β, δ_x 和 δ_y 的偏导数；$C_N^{\delta_x}$, $C_N^{\delta_y}$ 和 C_N^{β} 分别表示侧向力系数对 δ_x, δ_y 和 β 的偏导数。它们可以通过飞行器在特征点上的状态利用气动数据模型进行数值计算求取。

3.4　注　　记

现代控制中的各种方法主要是基于模型的控制方法。控制设计模型的形式往往取决于设计者倾向于采用的方法，但是控制设计模型的合理与否则取决于设计者对于设计对象特征的认识程度。通过深入分析高超声速飞行器的飞行动力学特性和气动特性，可以使我们对高超声速飞行器控制系统的主要特性和所建立的控制设计模型的合理性有更加清楚的认识，从而为后续控制算法的设计打下良好的基础。

由于本书只是对飞行器的控制系统进行分析、设计与仿真，因此，在建立飞行器的六自由度非线性运动模型时，没有考虑地球自转等因素的影响。但是，这并不会带来实质上的影响。这一部分工作主要参考了文献 [1] 和 [2]。对于高超声速飞行器 Winged-Cone 气动数据模型和推力模型，主要参考了文献 [3]、[4] 以及 [5]。有兴趣的读者可以进一步参阅这些著作以及相关的文献。

参 考 文 献

[1] 钱杏芳, 林锐雄, 赵亚男. 导弹飞行力学. 北京: 北京理工大学出版社, 2000.

[2] Siouris G. Missile Guidance and Control Systems. New York: Springer-Verlag, 2004.

[3] Keshmiri S, Colgren R, Mirmirani M. Six-DOF modeling and simulation of a generic hypersonic vehicle for control and navigation purposes. AIAA-2006-6694, 2006.

[4] Keshmiri S, Colgren R, Mirmirani M. Six DoF nonlinear equations of motion for a generic hypersonic vehicle. AIAA-2007-6626, 2007.

[5] 王鹏. 高超声速巡航飞行器姿态控制方法研究. 长沙: 国防科技大学博士学位论文, 2013.

第4章　控制系统设计的鲁棒参数化方法

一个实际的控制系统必须满足一定的性能指标和鲁棒性指标要求,如稳定性、响应特性、稳定鲁棒性、渐近跟踪参考信号等。现有的许多控制系统设计方法,如极点配置设计、二次型最优控制等,一般都是针对单一指标来进行的。为了满足多目标要求,就不可避免地需要进行多次试凑,这样做的结果是不能充分利用控制系统设计的自由度,难以使系统的各个设计指标得到综合优化。本章介绍的控制系统设计的鲁棒参数化方法则可以有效地克服这些缺点。该方法的核心是建立控制器的完全参数化表示,再通过优化控制器中的自由参数来实现控制系统性能的综合优化。

4.1　状态反馈控制设计的参数化方法

状态反馈被广泛地应用于控制系统设计之中。因此,本章首先基于特征结构配置方法建立状态反馈控制器的完全参数化表达。为了实现控制系统性能的综合优化,进一步把各个性能指标表示为控制器中自由参数的函数。这样,就可以将使某种综合性能指标最优的控制器设计问题转化为一个非线性规划问题。

4.1.1　状态反馈特征结构配置

根据 2.6 节的介绍已经知道,多输入系统状态反馈极点配置问题的解具有不唯一性,即采用不同的方法进行求解,可以得到不同的状态反馈增益矩阵。为了得到一个确定的极点配置问题的所有解,可以借助一种称为结构配置的控制设计方法。

由线性系统理论可知,定常线性系统的响应不仅与系统矩阵的特征值有关,还与系统矩阵的特征向量有关。因此,一个线性系统的特征结构由系统矩阵的特征值和特征向量共同来进行刻画,包括三个方面:特征值、特征值的重数,以及特征向量和广义特征向量。

线性系统的状态反馈特征结构配置问题就是要确定所有状态反馈控制器,使得闭环系统矩阵具有希望的特征值及重数,同时 (按照某种规则或指标) 确定闭环系统矩阵的特征向量和广义特征向量。显然,特征结构配置设计与极点配置设计相比能够更全面地把握系统的特性。

1. 问题的描述

考虑系统:

$$\dot{x} = Ax + Bu \tag{4.1.1}$$

其中, $A \in \mathbf{R}^{n \times n}$, $B \in \mathbf{R}^{n \times r}$, 且假设 (A, B) 可控。选取如下状态反馈控制律:

$$u = Kx, \quad K \in \mathbf{R}^{r \times n} \tag{4.1.2}$$

则闭环系统为

$$\dot{x} = A_c x, \quad A_c = A + BK \tag{4.1.3}$$

设 A_c 具有 $n'(\leqslant n)$ 个互异的特征值 $s_i(i = 1, 2, \cdots, n')$, 且其第 i $(1 \leqslant i \leqslant n')$ 个特征值的代数重数与几何重数分别为 m_i 和 q_i, 则在矩阵 A_c 的 Jordan 标准型 F 中有 q_i 个与特征值 s_i 相关的 Jordan 块。若记这些 Jordan 块的阶数为 p_{ij}, $j = 1, 2, \cdots, q_i$, 则有

$$m_i = p_{i1} + p_{i2} + \cdots p_{iq_i}, \quad m_1 + m_2 + \cdots + m_{n'} = n \tag{4.1.4}$$

进一步, 记与矩阵 A_c 第 i 个特征值 s_i 相关的特征向量链为 $v_{ij}^k(k = 1, 2, \cdots, p_{ij}, j = 1, 2, \cdots, q_i, i = 1, 2, \cdots, n')$, 则依定义有

$$
\begin{aligned}
&(A + BK - s_i I)v_{ij}^k = v_{ij}^{k-1}, \quad v_{ij}^0 = 0 \\
&k = 1, 2, \cdots, p_{ij}, \quad j = 1, 2, \cdots, q_i, \quad i = 1, 2, \cdots, n'
\end{aligned} \tag{4.1.5}
$$

于是, 系统的状态反馈特征结构配置问题可以描述如下。

问题 ESASF　给定复封闭点集 $\Gamma = \{s_i, i = 1, 2, \cdots, n'\}$ 及满足关系 (4.1.4) 的正整数 m_i 和 $q_i(i = 1, 2, \cdots, n')$ 以及 $p_{ij}(j = 1, 2, \cdots, q_i, i = 1, 2, \cdots, n')$, 求取满足下述条件的一切矩阵 $K \in \mathbf{R}^{r \times n}$ 和向量组 $v_{ij}^k(k = 1, 2, \cdots, p_{ij}, j = 1, 2, \cdots, q_i, i = 1, 2, \cdots, n')$:

(1) 方程 (4.1.5) 成立;

(2) 向量组 $v_{ij}^k(k = 1, 2, \cdots, p_{ij}, j = 1, 2, \cdots, q_i, i = 1, 2, \cdots, n')$ 线性无关。

2. 问题的参数化解

根据前面对矩阵 A_c 的特征结构的描述, 可以将矩阵 A_c 的 Jordan 标准型 F

写成下述形式:

$$
\begin{cases}
F = \mathrm{diag}\begin{bmatrix} F_1 & F_2 & \cdots & F_{n'} \end{bmatrix} \\[2mm]
F_i = \mathrm{diag}\begin{bmatrix} F_{i1} & F_{i2} & \cdots & F_{iq_i} \end{bmatrix} \\[2mm]
F_{ij} = \begin{bmatrix} s_i & 1 & & \\ & s_i & \ddots & \\ & & \ddots & 1 \\ & & & s_i \end{bmatrix}_{p_{ij} \times p_{ij}}
\end{cases}
\tag{4.1.6}
$$

与 Jordan 阵 F 的形式相对应, 将向量组 $v_{ij}^k (k = 1, 2, \cdots, p_{ij}, j = 1, 2, \cdots, q_i, i = 1, 2, \cdots, n')$ 按下述方式构成矩阵 A_c 的特征向量矩阵:

$$
\begin{cases}
V = \begin{bmatrix} V_1 & V_2 & \cdots & V_{n'} \end{bmatrix} \\[1mm]
V_i = \begin{bmatrix} V_{i1} & V_{i2} & \cdots & V_{iq_i} \end{bmatrix} \\[1mm]
V_{ij} = \begin{bmatrix} v_{ij}^1 & v_{ij}^2 & \cdots & v_{ij}^{p_{ij}} \end{bmatrix}
\end{cases}
\tag{4.1.7}
$$

于是, 向量方程组 (4.1.5) 可等价地改写成下述矩阵方程:

$$
(A + BK)V = VF
\tag{4.1.8}
$$

在假设矩阵 V 可逆的条件下, 令

$$
K = WV^{-1}
\tag{4.1.9}
$$

则式 (4.1.8) 便转化为第 2 章中介绍过的下述 Sylvester 矩阵代数方程:

$$
AV + BW = VF
\tag{4.1.10}
$$

其中, 矩阵 W 具有同式 (4.1.7) 相对应的下述分块结构:

$$
\begin{cases}
W = \begin{bmatrix} W_1 & W_2 & \cdots & W_{n'} \end{bmatrix} \\[1mm]
W_i = \begin{bmatrix} W_{i1} & W_{i2} & \cdots & W_{iq_i} \end{bmatrix} \\[1mm]
W_{ij} = \begin{bmatrix} w_{ij}^1 & w_{ij}^2 & \cdots & w_{ij}^{p_{ij}} \end{bmatrix}
\end{cases}
\tag{4.1.11}
$$

综上所述, 状态反馈特征结构配置问题和矩阵方程 (4.1.10) 存在下述联系。

引理 4.1.1[1]   问题 ESASF 中的解 $v_{ij}^k (k = 1, 2, \cdots, p_{ij}, j = 1, 2, \cdots, q_i, i = 1, 2, \cdots, n')$ 和 K 分别由式 (4.1.7) 和式 (4.1.9) 给出, 其中矩阵 $V \in \mathbf{C}^{n \times n}, W \in \mathbf{C}^{r \times n}$ 为任何满足 Sylvester 矩阵方程 (4.1.10) 及约束 $\det(V) \neq 0$ 的矩阵。

引理 4.1.1 表明, 问题 ESASF 的求解可以归结为 Sylvester 矩阵代数方程 (4.1.10) 的求解。对于后者, 本书已经在第 2 章中给出了讨论。

由于 (A, B) 可控, 则存在右互质多项式矩阵 $N(s) \in \mathbf{R}^{n \times r}$ 和 $D(s) \in \mathbf{R}^{r \times r}$ 满足

$$(sI - A)^{-1}B = N(s)D^{-1}(s) \tag{4.1.12}$$

结合引理 4.1.1 和定理 2.5.1, 可得关于问题 ESASF 求解的下述结果。

定理 4.1.1[1]　问题 ESASF 的一切解可由式 (4.1.9) 和公式

$$\begin{bmatrix} v_{ij}^k \\ w_{ij}^k \end{bmatrix} = \begin{bmatrix} N(s_i) \\ D(s_i) \end{bmatrix} f_{ij}^k + \cdots + \frac{1}{(k-1)!} \frac{\mathrm{d}^{k-1}}{\mathrm{d}s^{k-1}} \begin{bmatrix} N(s_i) \\ D(s_i) \end{bmatrix} f_{ij}^1 \tag{4.1.13}$$

$$k = 1, 2, \cdots, p_{ij}, \quad j = 1, 2, \cdots, q_i, \quad i = 1, 2, \cdots, n'$$

显式给出, 其中 $f_{ij}^k \in \mathbf{C}^r$ 为任何满足如下约束的参数向量。

约束 C1　当 $s_i = \bar{s}_l, \mathrm{Im}\, s_i \neq 0$ 时, $f_{ij}^k = \bar{f}_{lj}^k$;

约束 C2　$\det \left[V\left(f_{ij}^k \right) \right] \neq 0$。

$N(s)$ 和 $D(s)$ 为满足式 (4.1.12) 的右互质式矩阵。

结合上述定理、引理 4.1.1 和推论 2.5.1, 可以得到当闭环系统为非退化情形时的下述推论。该推论将是本书后面介绍的控制系统设计的参数化方法的理论基础。

推论 4.1.1[1]　设 $A \in \mathbf{R}^{n \times n}$, $B \in \mathbf{R}^{n \times r}$, (A, B) 可控, $s_i(i = 1, 2, \cdots, n)$ 为一组共轭封闭复数 (不必互异), 则满足下述关系:

$$A_\mathrm{c} = A + BK = V\mathrm{diag}\,[s_1, s_2, \cdots, s_n]\, V^{-1} \tag{4.1.14}$$

的矩阵 $K \in \mathbf{R}^{r \times n}$ 和矩阵 $V \in \mathbf{C}^{n \times n}$ 由下述公式给出:

$$K = WV^{-1} \tag{4.1.15}$$

$$V = [v_1 \quad v_2 \quad \cdots \quad v_n], \quad v_i = N(s_i)f_i \tag{4.1.16}$$

$$W = [w_1 \quad w_2 \quad \cdots \quad w_n], \quad w_i = D(s_i)f_i \tag{4.1.17}$$

其中, $f_i \in \mathbf{C}^r(i = 1, 2, \cdots, n)$ 为满足约束 C1 和约束 C2 的任何一组参向量; 而 $N(s)$ 和 $D(s)$ 为满足右互质分解式 (4.1.12) 的右互质多项式矩阵。

关于满足式 (4.1.12) 的右互质矩阵 $N(s)$ 和 $D(s)$ 的求取, 在第 2 章中已经给出了具体的方法, 详细请参见算法 2.4.2。

由定理 4.1.1 和推论 4.1.1 可以看出, 多输入系统的极点配置问题的解是不唯一的。选取不同的参向量, 可以得到极点相同但是性质不同的闭环系统。这就为优化选取这些参向量以获得希望的闭环系统性能奠定了基础。同时还可以看出, 单输入系统的极点配置问题的解是唯一的。

需要指出的是，定理中的约束 C1 和约束 C2 并不算太苛刻，因为至少对于 (A, B) 可控、闭环特征值互异的情形，满足这两个约束的参向量 $\{f_{ij}^k\}$ 存在。约束 C1 用于保证状态反馈增益矩阵 K 是实矩阵，而约束 C2 则是问题 ESASF 中条件 (2) 的要求。从几何上看，$\det V\left(f_{ij}^k\right) = 0$ 代表了 $r \times n$ 维参数空间中的一个超曲面，因而任取一组参数 $\{f_{ij}^k\}$ 落于该曲面上的机会是很小的。因此，在实际问题的求解时，一般可以不考虑约束 C2。

4.1.2 基于状态反馈特征结构配置的参数化控制设计

推论 4.1.1 基于特征结构配置给出了状态反馈控制器非常简洁、优美的完全参数化设计公式。公式中显含闭环系统的极点为自由参数。极点的最主要的功能是保证闭环系统的稳定性。在设计过程中，闭环极点可以由设计者根据经验进行适当的选择；也可以作为优化参数，在一定的希望区域内参与优化，从而获得更好的闭环系统性能。公式中的参向量 $f_i(i = 1, 2, \cdots, n)$ 表征了控制系统设计中的全部自由度。在实际应用中，可以通过优化这些自由参数来使系统满足各种希望的性能要求，并使得各种性能得到综合优化。这正是基于状态反馈特征结构配置的参数化控制设计方法最具吸引力的地方。

1. 性能指标及其参数化

前面已经建立起了状态反馈控制器的完全参数化形式，而且指出可以进一步通过在一定区域内优化极点 s_i 和自由参量 f_i 使闭环系统满足希望的性能。控制系统设计中经常考虑的性能包括收敛性、鲁棒性和控制能量等。为实现性能的优化，首先需要将这些性能定量化并表示为极点 s_i 和自由参量 f_i 的函数形式。

1) 收敛性指标

对于系统的状态反馈控制器设计，总是希望系统状态尽可能快地收敛到零。因此，定义指标：

$$J_e(s_i, f_i) = \|x\|_{L_2} \tag{4.1.18}$$

在实际应用中，希望该指标尽可能小。考虑到在计算机辅助设计中上述指标的数值实现问题，将其重新定义如下：

$$J_e(s_i, f_i) = \|x_T\|_{L_2} \tag{4.1.19}$$

其中，x_T 表示 x 的舍位函数，其定义为

$$x_T = \begin{cases} x, & t \leqslant T \\ 0, & t > T \end{cases} \tag{4.1.20}$$

T 为数值仿真时间。

2) 控制能量指标

人们总是希望所消耗的控制能量越少越好。但是一般来说，难以直接建立控制能量与极点和自由参量的直接函数关系。不过，可以用指标

$$J_{\mathrm{E}}(s_i, f_i) = \|K\|_2 \tag{4.1.21}$$

在一定程度上来表征控制能量消耗的多少。在实际应用中，人们希望该指标尽可能小。

3) 鲁棒性指标

对于闭环系统：

$$\dot{x} = A_{\mathrm{c}} x \tag{4.1.22}$$

假设 A_{c} 为非亏损，且闭环系统具有所要求的极点 $s_i(i = 1, 2, \cdots, n)$，则系统在参数摄动 ΔA_{c} 下能保持稳定的充分条件是 [2]

$$\|\Delta A_{\mathrm{c}}\|_2 \leqslant d = \frac{1}{\|P\|_2} \tag{4.1.23}$$

其中，P 为满足下述 Lyapunov 矩阵方程的对称正定矩阵：

$$A_{\mathrm{c}}^{\mathrm{T}} P + P A_{\mathrm{c}} = -2I \tag{4.1.24}$$

为了获得更好的鲁棒稳定性，希望 $\|P\|_2$ 尽量小。也就是说，要使 Lyapunov 矩阵方程 (4.1.24) 的解 P 具有最小的 2-范数。基于线性系统的特征结构配置理论，有如下结果。

引理 4.1.2[3]　若 Lyapunov 矩阵方程 (4.1.24) 存在正定对称的解 P，则 P 中的元素具有下述参数化表示：

$$P = 2V^{-\mathrm{T}} Q V^{-1} \tag{4.1.25}$$

其中

$$Q = \left[-\frac{v_i^{\mathrm{T}} v_j}{s_i + s_j} \right]_{n \times n} \tag{4.1.26}$$

各符号定义如 4.1.1 节所述。

综上所述，可以将鲁棒性指标定义为

$$J_{\mathrm{r}}(s_i, f_i) = \|P\|_2 \tag{4.1.27}$$

在实际应用中，人们希望该指标尽可能小。

2. 参数化控制优化设计

实现了控制律的参数化以及设计性能指标的参数化以后，就可以将使某种综合性能指标最优的控制器设计问题转化为下述非线性规划问题：

$$\min J(s_i, f_i)$$
$$\text{s. t.} \begin{cases} a_i \leqslant \mathrm{Re}(s_i) \leqslant b_i < 0 \\ c_i \leqslant \mathrm{Im}(s_i) \leqslant d_i, \quad i = 1, 2, \cdots, n \\ \text{约束C1, C2} \end{cases} \quad (4.1.28)$$

其中

$$J(s_i, f_i) = w_{\mathrm{e}} J_{\mathrm{e}}(s_i, f_i) + w_{\mathrm{E}} J_{\mathrm{E}}(s_i, f_i) + w_{\mathrm{r}} J_{\mathrm{r}}(s_i, f_i)$$
$$= w_{\mathrm{e}} \|x_T\|_{L_2} + w_{\mathrm{E}} \|K\|_2 + w_{\mathrm{r}} \|P\|_2 \quad (4.1.29)$$

$w_{\mathrm{e}}, w_{\mathrm{E}}, w_{\mathrm{r}}$ 分别表示收敛性指标、控制能量指标和鲁棒性指标在综合性能指标中所占的权重；a_i, b_i, c_i, d_i 给出了系统闭环极点的限制区域，其数值由系统性能要求决定，如快速性、超调量等。利用 MATLAB 软件提供的优化工具箱，可以方便地求解上述问题，得到系统闭环极点 s_i 和自由参量 f_i 的值，从而计算得到符合设计指标要求的反馈增益矩阵 K。

4.2 模型参考输出跟踪控制方法

输出跟踪控制的目的是设计控制器实现系统输出信号对于参考信号的渐近跟踪。这里考虑参考信号由参考模型所生成的情形，即模型参考输出跟踪控制问题。该问题在航空航天等领域有着广泛的应用背景。

4.2.1 问题的描述

给定线性受控系统：

$$\begin{cases} \dot{x} = Ax + Bu \\ y = Cx + Du \end{cases} \quad (4.2.1)$$

其中，$x \in \mathbf{R}^n$，$u \in \mathbf{R}^r$，$y \in \mathbf{R}^m$ 分别为系统的状态向量、输入向量和输出向量；A, B, C, D 为适当阶的已知矩阵。我们的目标是为系统 (4.2.1) 设计一个控制律，使得闭环系统的输出 $y(t)$ 渐近跟踪某一给定的参考信号 $y_{\mathrm{m}}(t)$，即

$$\lim_{t \to \infty} [y(t) - y_{\mathrm{m}}(t)] = 0 \quad (4.2.2)$$

需要注意的是，参考信号 $y_{\mathrm{m}}(t)$ 不一定是定常的，它由下述参考模型生成：

$$\begin{cases} \dot{x}_{\mathrm{m}} = A_{\mathrm{m}} x_{\mathrm{m}} \\ y_{\mathrm{m}} = C_{\mathrm{m}} x_{\mathrm{m}} \end{cases} \quad (4.2.3)$$

其中，$x_m \in \mathbf{R}^p$ 为参考模型的状态；A_m 和 C_m 分别为 $p \times p$ 阶和 $m \times p$ 阶已知矩阵。参考模型的含义可能是多方面的。它既可代表所要设计的控制系统的希望响应特性，又可代表被跟踪对象的模型。

不难想象，要使闭环控制系统满足条件 (4.2.2)，所设计的控制律应该是受控模型和参考模型的状态组合，即

$$u = Kx + Gx_m \tag{4.2.4}$$

于是，我们的设计任务可归结为下述问题。

问题 MROT　已知受控系统 (4.2.1) 和参考模型 (4.2.3)，求取控制律 (4.2.4)，使得所得闭环控制系统的输出满足条件 (4.2.2)。

4.2.2　解的存在性

关于问题 MROT 的解的存在性，有下述定理。

定理 4.2.1[1,4]　设 (A, B) 可稳，且存在矩阵 $Z \in \mathbf{R}^{n \times p}$ 和 $U \in \mathbf{R}^{r \times p}$ 满足

$$AZ + BU = ZA_m \tag{4.2.5}$$

$$CZ + DU = C_m \tag{4.2.6}$$

则对于系统 (4.2.1) 的任何一个状态反馈控制律的增益矩阵 K 和如下定义的

$$G = U - KZ \tag{4.2.7}$$

控制律 (4.2.4) 均能使系统 (4.2.1) 的输出满足条件 (4.2.2)。

根据上述定理，称控制律 (4.2.4) 中的 K 为状态反馈控制器，而称 $G = U - KZ$ 为前馈跟踪控制器。可以看出，前馈跟踪控制器由系统模型、参考模型与状态反馈控制器共同决定。因此，状态反馈控制器不仅是保证系统稳定的基础，也是实现模型参考输出跟踪控制的基础。

4.2.3　问题的求解

1. 一般参考模型下的解

当 (A, B) 可控时，存在右既约多项式矩阵 $N(s) \in \mathbf{P}^{n \times r}(s)$ 及 $L(s) \in \mathbf{P}^{r \times r}(s)$ 满足下述有理右互质分解：

$$(sI - A)^{-1} B = N(s) L^{-1}(s) \tag{4.2.8}$$

对矩阵 A_m 进行 Jordan 分解，有

$$A_m = TFT^{-1} \tag{4.2.9}$$

其中, F 为 A_{m} 的 Jordan 标准型。设 F 具有 p' 个 Jordan 块, 且第 i 个 Jordan 块的特征值和阶次分别为 λ_i 和 p_i。记与第 i 个 Jordan 块相对应的广义特征向量链为 $t_{ij}(j=1,2,\cdots,p_i)$, 则矩阵 T 具有下述结构:

$$T = \begin{bmatrix} t_{11} & \cdots & t_{1p_1} & \cdots & t_{p'1} & \cdots & t_{p'p_{p'}} \end{bmatrix} \tag{4.2.10}$$

基于定理 4.2.1 可以给出问题 MROT 的一种参数化求解方法, 如下面的定理所述。

定理 4.2.2[1,4]   设 (A,B) 可控, 则:

(1) 矩阵方程式 (4.2.5) 和式 (4.2.6) 关于 Z,U 有解的充要条件是下述关系成立:

$$\mathrm{rank}\,[\Phi_i] = \mathrm{rank}\,\begin{bmatrix} \Phi_i & T_i \end{bmatrix}, \quad i=1,2,\cdots,p' \tag{4.2.11}$$

其中

$$\Phi_i = \begin{bmatrix} CN(\lambda_i)+DL(\lambda_i) & \cdots & \cdots & \dfrac{1}{(p_i-1)!}\dfrac{\mathrm{d}^{p_i-1}}{\mathrm{d}\lambda^{p_i-1}}\,[CN(\lambda_i)+DL(\lambda_i)] \\ 0 & & & \vdots \\ \vdots & & & \vdots \\ 0 & \cdots & 0 & CN(\lambda_i)+DL(\lambda_i) \end{bmatrix}$$

$$T_i = \begin{bmatrix} C_{\mathrm{m}}t_{ip_i}^{\mathrm{T}} & \cdots & C_{\mathrm{m}}t_{i2}^{\mathrm{T}} & C_{\mathrm{m}}t_{i1}^{\mathrm{T}} \end{bmatrix}^{\mathrm{T}}, \quad i=1,2,\cdots,p'$$

(2) 当式 (4.2.11) 满足时, 一切满足式 (4.2.5) 和式 (4.2.6) 的实矩阵 Z 和 U 的全体由下述参数公式表示出:

$$Z = \begin{bmatrix} \xi_{11} & \cdots & \xi_{1p_1} & \cdots & \xi_{p'1} & \cdots & \xi_{p'p_{p'}} \end{bmatrix} T^{-1} \tag{4.2.12}$$

$$U = \begin{bmatrix} \eta_{11} & \cdots & \eta_{1p_1} & \cdots & \eta_{p'1} & \cdots & \eta_{p'p_{p'}} \end{bmatrix} T^{-1} \tag{4.2.13}$$

其中

$$\xi_{ij} = N(\lambda_i)f_{ij}+\cdots+\dfrac{1}{(j-1)!}\dfrac{\mathrm{d}^{j-1}}{\mathrm{d}\lambda^{j-1}}N(\lambda_i)f_{i1} \tag{4.2.14}$$

$$\eta_{ij} = L(\lambda_i)f_{ij}+\cdots+\dfrac{1}{(j-1)!}\dfrac{\mathrm{d}^{j-1}}{\mathrm{d}\lambda^{j-1}}L(\lambda_i)f_{i1} \tag{4.2.15}$$

$$j=1,2,\cdots,p_i, \quad i=1,2,\cdots,p'$$

而 $f_{ij}\in\mathbf{C}^r$ 为一组参数向量, 它们满足约束: 当 $\lambda_i=\bar{\lambda}_l,\mathrm{Im}\lambda_i\neq 0$ 时, 有 $f_{ij}=\bar{f}_{lj}$ 成立; 并满足下述线性方程组:

$$\Phi_i F_i = T_i, \quad i=1,2,\cdots,p' \tag{4.2.16}$$

其中

$$F_i = \begin{bmatrix} f_{ip_i}^{\mathrm{T}} & \cdots & f_{i2}^{\mathrm{T}} & f_{i1}^{\mathrm{T}} \end{bmatrix}^{\mathrm{T}}, \quad i = 1, 2, \cdots, p' \tag{4.2.17}$$

　　定理 4.2.2 表明，矩阵方程式 (4.2.5) 和式 (4.2.6) 的解的存在性和唯一性取决于线性方程组系 (4.2.16) 的解的存在性和唯一性。当线性方程组系 (4.2.16) 的解存在且不唯一时，所求前馈跟踪器参数矩阵 Z 和 U 则是不唯一的。

2. 阶跃参考模型下的解

　　为了方便实际应用，经常使用阶跃参考模型，即选取

$$A_{\mathrm{m}} = 0, \quad C_{\mathrm{m}} = I$$

在这种情况下，基于定理 4.2.1 对问题 MROT 有非常简单的解，如定理 4.2.3 所述。

　　定理 4.2.3[5]　考虑定常线性系统：

$$\begin{cases} \dot{x} = Ax + Bu \\ y = Cx + Du \end{cases} \tag{4.2.18}$$

和阶跃参考模型：

$$\begin{cases} \dot{x}_{\mathrm{m}} = A_{\mathrm{m}} x_{\mathrm{m}} \\ y_{\mathrm{m}} = C_{\mathrm{m}} x_{\mathrm{m}} \end{cases} \tag{4.2.19}$$

其中，$A_{\mathrm{m}} = 0, C_{\mathrm{m}} = I$。如果存在状态反馈控制律 $u = Kx$ 可以镇定系统 (4.2.18)，则控制律：

$$u = Kx + Gv = Kx + (U - KZ)\, y_{\mathrm{m}} \tag{4.2.20}$$

可以使系统 (4.2.18) 的输出 y 渐近跟踪参考模型 (4.2.19) 的输出 y_{m}。其中，矩阵 Z, U 可由

$$\begin{bmatrix} Z \\ U \end{bmatrix} = \begin{bmatrix} A & B \\ C & D \end{bmatrix}^{-1} \begin{bmatrix} 0 \\ I \end{bmatrix} \tag{4.2.21}$$

计算得到。

4.3　鲁棒参数化控制设计步骤

　　根据前面的叙述，可以看出控制系统的参数化设计的基本思想是：首先建立控制器的完全参数化表示；然后将设计指标参数化，即表示为控制器中自由参数的函数；最后通过优化选取这些自由参数来实现控制系统的性能优化并得到希望的控制器，如图 4.1 所示。

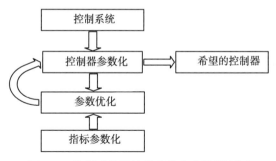

图 4.1 控制系统设计的参数化方法原理图

4.3.1 状态反馈控制的参数化设计步骤

控制系统状态反馈控制的参数化设计流程如图 4.2 所示, 其具体设计步骤如下所述。

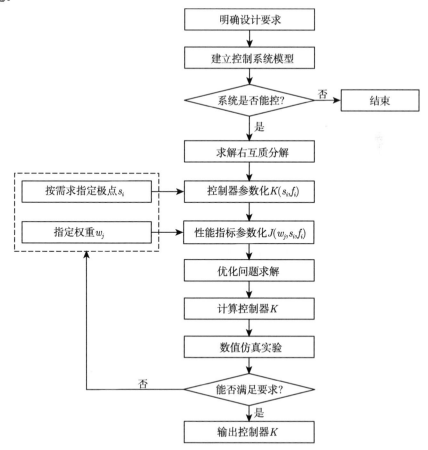

图 4.2 状态反馈控制的参数化设计流程

第一步　明确控制系统的设计要求。

第二步　建立控制系统模型。实际控制系统一般都是非线性系统,因此需要先确定特征点,然后将非线性系统在特征点上进行近似线性化,得到相应的局部线性控制系统模型。设所建立线性系统模型如下所示:

$$\dot{x} = Ax + Bu$$

其中, $x \in \mathbf{R}^n$, $u \in \mathbf{R}^r$ 分别为系统的状态向量和输入向量; $A \in \mathbf{R}^{n \times n}$, $B \in \mathbf{R}^{n \times r}$ 为已知矩阵。

第三步　判断系统的可控性。如果 (A, B) 可控,则进入第四步。否则,控制设计任务无法实现,设计结束。

第四步　求解右互质分解。对 $(sI - A)^{-1}B$ 进行右互质分解,即求出满足

$$(sI - A)^{-1}B = N(s)D^{-1}(s)$$

的右互质多项式矩阵 $N(s)$, $D(s)$。

第五步　建立状态反馈控制器 K 的完全参数表达式。根据 4.1 节的叙述,将闭环系统极点配置为一组共轭封闭复数 (不必互异) $s_i (i = 1, 2, \cdots, n)$ 的状态反馈控制器 K 的通解公式为

$$K = WV^{-1}$$

$$V = \begin{bmatrix} v_1 & v_2 & \cdots & v_n \end{bmatrix}, \quad v_i = N(s_i)f_i$$

$$W = \begin{bmatrix} w_1 & w_2 & \cdots & w_n \end{bmatrix}, \quad w_i = D(s_i)f_i$$

其中, $f_i \in \mathbf{C}^r (i = 1, 2, \cdots, n)$ 为任何满足以下约束的参数向量:

约束 C1　当 $s_i = \bar{s}_j, \mathrm{Im} s_i \neq 0$ 时, $f_i = \bar{f}_j$;

约束 C2　$\det(V) \neq 0$。

第六步　明确控制设计的性能指标,并将性能指标参数化。一般,可以选择如下的综合性能指标:

$$J(w_j, s_i, f_i) = w_e J_e(s_i, f_i) + w_E J_E(s_i, f_i) + w_r J_r(s_i, f_i)$$

$$= w_e \|x\|_{L_2} + w_E \|K\|_2 + w_r \|P\|_2$$

其中, $J_e(s_i, f_i) = \|x_T\|_{L_2}$ 表示状态收敛性指标; $J_E(s_i, f_i) = \|K\|_2$ 表示控制能量指标; $J_r(s_i, f_i) = \|P\|_2$ 表示鲁棒性指标,其中

$$P = 2V^{-\mathrm{T}}QV^{-1}$$

$$Q = \left[-\frac{v_i^\mathrm{T} v_j}{s_i + s_j} \right]_{n \times n}$$

而 w_e, w_E, w_r 分别表示状态收敛性指标、控制能量指标和鲁棒性指标在综合性能指标中所占的权重,可根据实际需要凭经验进行选择。

第七步 求解优化问题,确定设计参数。求解如下非线性参数优化问题:

$$\min J(w_j, s_i, f_i)$$

$$\text{s. t.} \begin{cases} a_i \leqslant \text{Re}(s_i) \leqslant b_i < 0 \\ c_i \leqslant \text{Im}(s_i) \leqslant d_i, \quad i = 1, 2, \cdots, n \\ \text{约束C1, 约束C2} \end{cases}$$

其中,a_i, b_i, c_i, d_i 给出了系统闭环极点的限制区域,其数值由系统性能要求决定,如快速性、超调量等。当然,为了简化设计过程,提高优化速度,也可以事先指定闭环极点 $s_i(i = 1, 2, \cdots, n)$。利用 MATLAB 提供的优化工具箱求解上述非线性规划问题,得到系统闭环极点 s_i 和自由参量 f_i 的值。

第八步 计算控制器。基于所得到的优化参数计算状态反馈控制器 K。

第九步 进行数值仿真,并根据仿真结果进行控制设计修正。将得到的控制器放到原始控制系统中进行数值仿真并观察控制效果。如果仿真结果满足要求,则控制设计结束,所求得的控制器即为希望的状态反馈控制器;否则,需要调整优化指标中的权重,如果极点是指定的,则还可能需要调整极点位置,然后重新进行优化计算,直到得到符合要求的控制器。

4.3.2 模型参考输出跟踪控制的参数化设计步骤

由定理 4.2.3 可知,在求得状态反馈控制器 K 的基础上,由式 (4.2.20) 和式 (4.2.21) 就可以求得前馈跟踪控制器 G 使得系统 (4.2.18) 的输出渐近跟踪阶跃参考模型 (4.2.19) 的输出。

结合 4.3.1 节所述的状态反馈控制器的参数化设计流程,可以给出模型参考输出跟踪控制的参数化设计流程,如图 4.3 所示,其具体步骤如下所述。

第一步 明确控制系统的设计要求。

第二步 建立控制系统模型。设线性系统模型为

$$\begin{cases} \dot{x} = Ax + Bu \\ y = Cx + Du \end{cases}$$

其中,$x \in \mathbf{R}^n$, $u \in \mathbf{R}^r$, $y \in \mathbf{R}^m$ 分别为系统的状态向量、输入向量和输出向量;A, B, C, D 为适当阶的已知矩阵。同样,如果原始系统是非线性系统,则需要先选定特征点,然后将原始非线性系统在特征点上近似线性化,从而得到局部线性控制系统模型。

第三步 判断系统可控性。如果 (A, B) 可控，则进入第四步，否则，控制设计任务无法实现，设计结束。

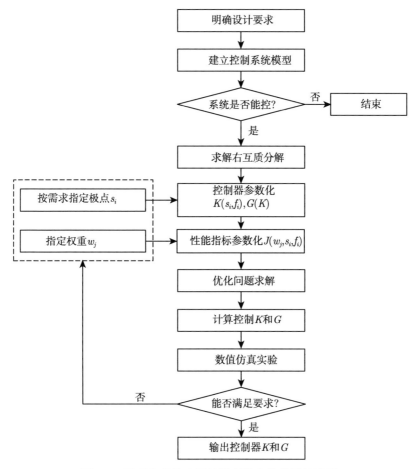

图 4.3 模型参考输出跟踪控制的参数化设计流程

第四步 求右互质分解。对 $(sI - A)^{-1}B$ 进行右互质分解，即求出满足

$$(sI - A)^{-1}B = N(s)D^{-1}(s)$$

的右互质多项式矩阵 $N(s)$, $D(s)$。

第五步 建立状态反馈控制器 K 和前馈跟踪控制器 G 的完全参数表达式。

(1) 状态反馈控制器 K。

将闭环系统极点配置为一组共轭封闭复数 (不必互异)$s_i(i = 1, 2, \cdots, n)$ 的状态反馈控制器 K 的通解公式为

$$K = WV^{-1}$$

$$V = [v_1 \quad v_2 \quad \cdots \quad v_n] , \quad v_i = N(s_i)f_i$$

$$W = [w_1 \quad w_2 \quad \cdots \quad w_n], \quad w_i = D(s_i)f_i$$

其中, $f_i \in \mathbf{C}^r (i = 1, 2, \cdots, n)$ 为任何满足以下约束的参数向量。

约束 C1 当 $s_i = \bar{s}_j, \mathrm{Im}s_i \neq 0$ 时, $f_i = \bar{f}_j$。

约束 C2 $\det(V) \neq 0$。

(2) 前馈跟踪控制器 G。

前馈跟踪控制器可表示为

$$G = U - KZ$$

其中, 矩阵 Z, U 由

$$\begin{bmatrix} Z \\ U \end{bmatrix} = \begin{bmatrix} A & B \\ C & D \end{bmatrix}^{-1} \begin{bmatrix} 0 \\ I \end{bmatrix}$$

计算得到。

显然, 前馈跟踪控制器 G 和状态反馈控制器 K 一样, 也是极点 $s_i(i = 1, 2, \cdots, n)$ 和自由参数向量 $f_i(f_i \in \mathbf{C}^r, i = 1, 2, \cdots, n)$ 的解析函数。

第六步 明确控制设计的性能指标, 并将性能指标参数化。一般, 可以选择如下的综合性能指标:

$$J(w_j, s_i, f_i) = w_{\mathrm{e}} J_{\mathrm{e}}(s_i, f_i) + w_{\mathrm{E}} J_{\mathrm{E}}(s_i, f_i) + w_{\mathrm{r}} J_r(s_i, f_i)$$
$$= w_{\mathrm{e}} \|(y - y_r)_T\|_{L_2} + w_{\mathrm{E}} \|K\|_2 + w_{\mathrm{r}} \|P\|_2$$

其中, $J_{\mathrm{e}}(s_i, f_i) = \|(y - y_r)_T\|_{L_2}$ 表示输出对给定参考信号 y_r 的跟踪性能指标; $J_{\mathrm{E}}(s_i, f_i) = \|K\|_2$ 表示控制能量指标; $J_r(s_i, f_i) = \|P\|_2$ 表示鲁棒性指标,

$$P = 2V^{-\mathrm{T}} Q V^{-1}$$

$$Q = \left[-\frac{v_i^{\mathrm{T}} v_j}{s_i + s_j} \right]_{n \times n}$$

而 $w_{\mathrm{e}}, w_{\mathrm{E}}, w_{\mathrm{r}}$ 分别表示跟踪性能指标、控制能量指标和鲁棒性指标在综合性能指标中所占的权重, 可根据需要凭经验进行选择。

第七步 求解优化问题, 确定设计参数。求解如下非线性参数优化问题:

$$\min J(w_j, s_i, f_i)$$
$$\mathrm{s.\,t.} \begin{cases} a_i \leqslant \mathrm{Re}(s_i) \leqslant b_i < 0 \\ c_i \leqslant \mathrm{Im}(s_i) \leqslant d_i, \quad i = 1, 2, \cdots, n \\ 约束C1, 约束C2 \end{cases}$$

其中，a_i，b_i，c_i，d_i 给出了系统闭环极点的限制区域，其数值由系统性能要求决定，如快速性、超调量等。为了简化设计过程，提高优化速度，也可以事先指定闭环极点 $s_i(i = 1, 2, \cdots, n)$。利用 MATLAB 提供的优化工具箱求解上述非线性规划问题，得到系统闭环极点 s_i 和自由参量 f_i 的值。

第八步　计算控制器。基于所得到的优化参数计算状态反馈控制器 K 和前馈跟踪控制器 G。

第九步　进行数值仿真，并根据仿真结果进行控制设计修正。将得到的控制器放到原始控制系统中进行数值仿真并观察控制效果。如果仿真结果满足要求，则控制设计结束，所求得的控制器即为希望的状态反馈控制器和前馈跟踪控制器；如若不然，则需要调整优化指标中的权重，如果极点是指定的，则还可能需要调整极点位置，然后重新进行优化计算，直至得到符合要求的控制器。

4.4　鲁棒参数化控制方法的计算机辅助设计

基于 MATLAB 软件，本书编写了鲁棒参数化控制方法的计算机辅助设计软件 ParaCAD。该软件可以实现在设置了必要的输入条件之后自动地优化计算希望的控制器。

该软件程序包含于与本书配套的程序包中的 ParaCAD 文件夹，主要包括三个部分：优化计算主文件 MainFile.m，单步代价计算文件 CostComputingFile.m 以及需要调用的右互质分解计算软件 (该软件由段广仁教授提供，包含于其中的 rcfsolve 文件夹)。

运行 ParaCAD 软件需要输入以下条件。

(1) 系统信息：包括系统状态、输入维数与输出维数 dim_state, dim_input 和 dim_output，以及系统矩阵 A,B,C,D。

(2) 闭环极点：指定的闭环系统极点 (如果需要指定的话)$s_i(i = 1, 2, \cdots, n)$。

(3) 指标权重：跟踪性能指标、控制能量指标和鲁棒性指标在综合性能指标中所占的权重 w_e，w_E 和 w_r。

(4) 参数初值：自由参数向量 $f_i(f_i \in \mathbf{C}^r, i = 1, 2, \cdots, n)$ 的初值。

(5) 其他参数：主要是优化过程中根据中间结果进行闭环系统仿真所需的参数，包括系统初始状态 x_0、参考输出 y_r、仿真时间 T 和仿真步长 delta。

可利用 MATLAB 中的 fminsearch 命令 (或其他寻优命令) 找到使得综合性能指标达到最小的自由参量和极点 (如果极点参与优化的话) 的值。进一步，根据得到自由参量和极点的值可以计算出相应的控制器。

运行 ParaCAD 软件只需要先在 MainFile.m 文件中根据提示进行相应的输入，然后运行该文件即可。优化计算结束后，所得到的状态反馈控制器 K 和前馈跟踪

控制器 G 结果将自动保存于生成的 Controller.mat 文件中。

4.5 仿 真 算 例

本节以某型 BTT 导弹在定点上的俯仰/偏航通道控制器设计为例来说明鲁棒参数化控制设计方法的应用。

4.5.1 系统描述

某型 BTT 导弹俯仰/偏航通道控制系统的数学模型如下:

$$\begin{cases} \dot{x} = Ax + Bu \\ y = Cx + Du \end{cases}$$

其中, $x = \begin{bmatrix} \omega_z & \alpha & \omega_y & \beta \end{bmatrix}^{\mathrm{T}}$, $u = \begin{bmatrix} \delta_z & \delta_y \end{bmatrix}^{\mathrm{T}}$, $y = \begin{bmatrix} \alpha & \beta \end{bmatrix}^{\mathrm{T}}$,

$$A = \begin{bmatrix} a_1 & a_2 & \dfrac{J_x - J_y}{J_z}\omega_x & a_3\omega_x \\ 1 & a_4 & 0 & -\omega_x \\ \dfrac{J_z - J_x}{J_y}\omega_x & a_5\omega_x & a_6 & a_7 \\ 0 & \omega_x & 1 & a_8 \end{bmatrix}$$

$$B = \begin{bmatrix} b_1 & 0 \\ b_2 & 0 \\ 0 & b_3 \\ 0 & b_4 \end{bmatrix}$$

$$C = \begin{bmatrix} 0 & 1 & 0 & 0 \\ 0 & 0 & 0 & 1 \end{bmatrix}$$

$$D = \begin{bmatrix} 0 & 0 \\ 0 & 0 \end{bmatrix}$$

导弹的转动惯量为 $J_x = 0.25\mathrm{kg} \cdot \mathrm{m}^2$, $J_y = 1\mathrm{kg} \cdot \mathrm{m}^2$, $J_z = 1\mathrm{kg} \cdot \mathrm{m}^2$。在某特征点上,系统矩阵中的参数如下:

$$a_1 = -1.8780, \quad a_2 = -260.1298, \quad a_3 = 0.2865, \quad a_4 = -1.5060$$
$$a_5 = -0.2922, \quad a_6 = -1.9500, \quad a_7 = -39.7606, \quad a_8 = -0.7710$$
$$b_1 = -185.5729, \quad b_2 = -0.2980, \quad b_3 = -159.8991, \quad b_4 = -0.2540$$

且滚转角速率满足 $-400°/\mathrm{s} \leqslant \omega_x \leqslant 400°/\mathrm{s}$。

这里的任务是：设计状态反馈控制器 K 和前馈跟踪控制器 G，使得闭环系统稳定，系统输出 $y = \begin{bmatrix} \alpha & \beta \end{bmatrix}^{\mathrm{T}}$ 跟踪参考信号 $y_{\mathrm{r}} = \begin{bmatrix} \alpha_{\mathrm{r}} & \beta_{\mathrm{r}} \end{bmatrix}^{\mathrm{T}}$，而且动态特性满足：超调量 $\sigma < 10\%$，对于 5% 允许误差的调节时间 $t_{\mathrm{s}} < 0.4\mathrm{s}$。

控制系统设计的基本要求是闭环系统稳定。对于导弹的俯仰/偏航控制系统来说，滚转角速率 ω_x 可以看成是一个扰动参数，它由滚转通道的特性和导弹的机动要求决定。由于滚转角速率可能在很大的范围内变化，因此系统的稳定性必须对于这一扰动参数存在良好的鲁棒稳定性，具体来说，就是对于在区间 $[-400, 400]^{\circ}/\mathrm{s}$ 内任意变化的 ω_x，所设计的闭环控制系统均要能保持稳定。

4.5.2   控制器设计

利用参数化控制方法的计算机辅助设计软件 ParaCAD 来完成 BTT 导弹在特征点上的俯仰/偏航通道的控制器设计。具体过程如下所述。

在优化计算主文件 MainFile.m 中，按照提示完成如下信息输入。

1) 系统信息

(1) 系统状态维数为 dim_state=4；

(2) 系统输入维数为 dim_input=2；

(3) 系统输出维数为 dim_output=2；

(4) 当 $\omega_x = 0$ 时的系统矩阵为

$$
A = \begin{bmatrix}
-1.8780 & -260.1298 & 0 & 0 \\
1 & -1.5060 & 0 & 0 \\
0 & 0 & -1.9500 & -39.7606 \\
0 & 0 & 1 & -0.7710
\end{bmatrix}
$$

$$
B = \begin{bmatrix}
-185.5729 & 0 \\
-0.2980 & 0 \\
0 & -159.8991 \\
0 & -0.2540
\end{bmatrix}
$$

$$
C = \begin{bmatrix}
0 & 1 & 0 & 0 \\
0 & 0 & 0 & 1
\end{bmatrix}
$$

$$
D = \begin{bmatrix}
0 & 0 \\
0 & 0
\end{bmatrix}
$$

2) 闭环极点

指定闭环极点为 $s_{1,2} = -30 \pm 1.5\mathrm{i}, s_{3,4} = -10 \pm 0.5\mathrm{i}$。

3) 指标权重

(1) 跟踪性能指标权重为 $w_{\mathrm{e}} = 0.1$；

(2) 控制能量指标权重为 $w_E = 0.4$;

(3) 鲁棒性指标权重为 $w_r = 0.5$。

4) 参数初值

设自由参数向量的初值为

$$f_1 = [2.2970 - 2.4142\text{i} \quad 2.0668 + 3.0568\text{i}]^T$$
$$f_2 = [2.2970 + 2.4142\text{i} \quad 2.0668 - 3.0568\text{i}]^T$$
$$f_3 = [-1.0676 + 2.0262\text{i} \quad 2.3181 - 4.7051\text{i}]^T$$
$$f_4 = [-1.0676 - 2.0262\text{i} \quad 2.3181 + 4.7051\text{i}]^T$$

5) 其他参数

(1) 系统初始状态为 $x(0) = [\ 50 \quad 0 \quad -30 \quad 0\ ]^T$;

(2) 参考输出为 $y_r = [10 \quad 0]^T$;

(3) 仿真时间为 $T = 10\text{s}$;

(4) 仿真步长为 delta $= 0.01\text{s}$;

(5) 最大迭代优化次数为 $N_{\max} = 10000$。

完成上述输入工作后,运行 MainFile.m 文件,经过调用 MATLAB 中的 fmin-search 优化函数进行参数优化计算后,可得出如下结果:

(1) 自由参数向量

$$f_1 = [1.0004 - 1.8684\text{i} \quad 2.4404 + 5.4037\text{i}]^T$$
$$f_2 = [1.0004 + 1.8684\text{i} \quad 2.4404 - 5.4037\text{i}]^T$$
$$f_3 = [-3.4217 + 0.1225\text{i} \quad -0.9171 - 5.2487\text{i}]^T$$
$$f_4 = [-3.4217 - 0.1225\text{i} \quad -0.9171 + 5.2487\text{i}]^T$$

(2) 状态反馈控制器

$$K = \left[\begin{array}{cccc} 0.1918 & -0.0607 & 0.0051 & 0.0809 \\ -0.0382 & -0.4519 & 0.2373 & 1.4904 \end{array} \right]$$

(3) 前馈跟踪控制器

$$G = \left[\begin{array}{cc} -1.5602 & -0.0845 \\ 0.4933 & -1.9151 \end{array} \right]$$

4.5.3 结果分析

1. 性能分析

下面根据 4.5.2 节得到的控制器,对特征点上闭环系统的性能进行分析。

　　在特征点上，所设计的闭环系统须满足超调量和调整时间等性能指标要求。这些要求可以通过限定"系数冻结意义下"闭环系统的主导极点区域来满足 [6]。对应于闭环系统的性能指标要求，当系统的超调量 $\sigma < 10\%$ 时，系统的主导极点应当位于图 4.4 中线 l_1 和 l_2 所夹的区域 (记为 S_1) 之内。其中，线 l_1 或 l_2 与实轴的夹角 θ 应满足下述关系：

$$\sigma = \mathrm{e}^{-\pi\cot\theta} = 10\%$$

于是，$\theta \approx 53.76°$。当系统对于 5% 允许误差的调节时间 $t_\mathrm{s} < 0.4\mathrm{s}$ 时，系统的主导极点应当位于图 4.4 中线 l_3 的左侧区域 (记为 S_2)。其中，线 l_3 上的点的实部 x 满足

$$\frac{3}{-x} = 0.4$$

于是，$x = -7.5$。当闭环系统的动态特性满足超调量 $\sigma < 10\%$，且对于 5% 允许误差的调节时间 $t_\mathrm{s} < 0.4\mathrm{s}$ 时，闭环系统的主导极点应当位于图 4.4 中线 l_1 与 l_2 所夹的区域 S_1 和线 l_3 的左侧区域 S_2 的交集 S 内。

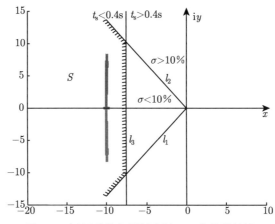

图 4.4　闭环系统主导极点随 ω_x 变化的轨迹

　　由于滚转角速率 ω_x 是不确定的，因此需要考虑 ω_x 对于特征点上闭环系统性能的影响。图 4.4 给出了闭环系统在特征点上主导极点随 $\omega_x \in [-400, 400]° /\mathrm{s}$ 变化的轨迹。可见，对应于每一个 $\omega_x \in [-400, 400]° /\mathrm{s}$，闭环系统主导极点均位于区域 S 内，而且其实部均保持在 -10 左右。因此，当 ω_x 在 $[-400, 400]° /\mathrm{s}$ 内任意取值时，闭环系统的动态特性可以满足超调量 $\sigma < 10\%$，且对于 5% 允许标准误差的调节时间 $t_\mathrm{s} < 0.4\mathrm{s}$ 的要求。

　　为了进一步验证闭环系统在特征点上的动态性能，根据 4.5.2 节中给出的系统初始状态以及所设计的控制器，给出定点仿真结果。需要注意的是，系统矩阵 $A(\omega_x)$ 是滚转角速率 ω_x 的函数。为了实现输出对于参考信号的跟踪，故而需要将

前馈跟踪控制器根据滚转角速率 ω_x 实时计算如下:

$$G\left(\omega_x\right) = U\left(\omega_x\right) - KZ\left(\omega_x\right) \tag{4.5.1}$$

其中,矩阵 $Z\left(\omega_x\right)$, $U\left(\omega_x\right)$ 由

$$\left[\begin{array}{c} Z\left(\omega_x\right) \\ U\left(\omega_x\right) \end{array}\right] = \left[\begin{array}{cc} A\left(\omega_x\right) & B \\ C & D \end{array}\right]^{-1} \left[\begin{array}{c} 0 \\ I \end{array}\right]$$

计算得到。

仿真结果如图 4.5～图 4.8 所示。从仿真结果可以看出,当 ω_x 分别取 $-400°/\mathrm{s}$, $0°/\mathrm{s}$ 以及 $400°/\mathrm{s}$ 时,所设计的鲁棒参数化控制器均能够保证系统的稳定性,而且能够实现输出信号对参考信号的良好跟踪。

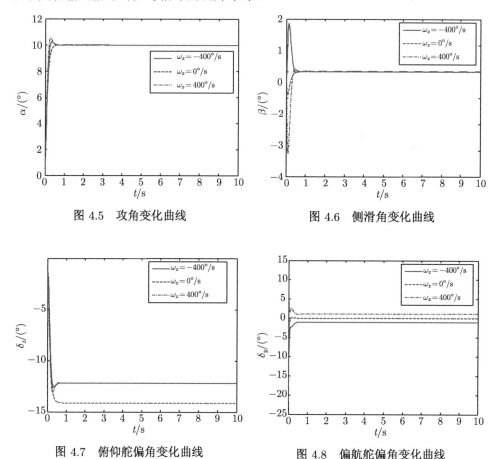

图 4.5 攻角变化曲线

图 4.6 侧滑角变化曲线

图 4.7 俯仰舵偏角变化曲线

图 4.8 偏航舵偏角变化曲线

2. 稳定性分析

最后，我们分析闭环系统的稳定性。需要注意的是，这里所谓的闭环系统的稳定性指的是如下系统的稳定性：

$$\dot{x} = A_c(\omega_x(t))x = [A(\omega_x(t)) + BK]\,x \tag{4.5.2}$$

其中，$A(\omega_x(t))$ 的定义见式 (4.5.1)；K 为前面求得的状态反馈控制器。由图 4.4 可知，闭环系统在特征点上对于滚转角速率 ω_x 在区间 $[-400, 400]^\circ/\text{s}$ 内的每一个取值都是稳定的，即闭环系统的特征值位于复平面的左半平面。然而，这仅仅表示系统在 "系数冻结" 意义下的稳定性。众所周知，用这种方法判别时变系统的稳定性是不严格的。

下面对闭环系统关于滚转角速率 ω_x 时变时的稳定性进一步分析。为此，首先介绍二次稳定性的相关概念和判别准则。

考虑不确定系统：

$$\dot{x} = A(\delta(t))x \tag{4.5.3}$$

其中，$x \in \mathbf{R}^n$ 为系统状态；$\delta(t) = [\ \delta_1(t)\ \ \cdots\ \ \delta_k(t)\ ]^{\mathrm{T}} \in \Delta \subset \mathbf{R}^k$ 为时变不确定参数，Δ 为凸紧集；$A(\delta(t))$ 是 $\delta(t)$ 的矩阵函数。

定义 4.5.1[7]　对于系统 (4.5.3)，若存在对称正定矩阵 P，使得对于所有的 $\delta(t) \in \Delta$，矩阵不等式

$$A^{\mathrm{T}}(\delta(t))P + PA(\delta(t)) < 0 \tag{4.5.4}$$

成立，则称系统 (4.5.3) 是二次稳定的。

很显然，二次稳定意味着 Lyapunov 渐近稳定 [7]。一般，Δ 是一个无限集，因此，若采用定义 4.5.1 检验系统是否二次稳定，则需要检验无穷多个矩阵不等式。这显然是难以实现的。但是如果对 $A(\delta(t))$ 的结构进行适当的限定，则可以给出系统二次稳定的有效检验方法。

假设 $A(\delta(t))$ 具有如下所示的不确定参数仿射依赖形式：

$$A(\delta(t)) = A_0 + \delta_1(t)A_1 + \cdots + \delta_k(t)A_k \tag{4.5.5}$$

其中，$A_i \in \mathbf{R}^{n\times n}(i=0,1,\cdots,k)$ 是已知矩阵；$\delta(t) = [\ \delta_1(t)\ \ \cdots\ \ \delta_k(t)\ ]^{\mathrm{T}}$ 为时变不确定参数；$\delta_i(t)$ 为任意的有界时变函数，满足 $\delta_i(t) \in [\delta_i^-, \delta_i^+](i=1,2,\cdots,k)$。因此，凸紧集 Δ 定义为

$$\Delta = \left\{ [\ \delta_1(t)\ \ \cdots\ \ \delta_k(t)\ ]^{\mathrm{T}} : \delta_i(t) \in [\delta_i^-, \delta_i^+], i=1,2,\cdots,k \right\} \tag{4.5.6}$$

而 Δ 的顶点集可以定义为

$$\Delta_{\mathrm{E}} = \left\{ \delta = [\ \delta_1\ \ \cdots\ \ \delta_k\ ]^{\mathrm{T}} : \delta_i = \delta_i^- \text{或} \delta_i = \delta_i^+, i=1,2,\cdots,k \right\} \tag{4.5.7}$$

在此情况下,有下述结果。

定理 4.5.1[7]　对于具有系统矩阵 (4.5.5) 的系统 (4.5.3) 是二次稳定的,当且仅当存在对称正定矩阵 P,使得对于所有的 $\delta \in \Delta_{\mathrm{E}}$,矩阵不等式

$$A^{\mathrm{T}}(\delta)P + PA(\delta) < 0 \qquad (4.5.8)$$

成立。

下面将利用此结论讨论系统 (4.5.2) 的稳定性。为此,将系统 (4.5.2) 的系统矩阵 $A_{\mathrm{c}}(\omega_x(t))$ 表示成式 (4.5.5) 的形式,如下所示:

$$A(\omega_x(t)) = \left(\tilde{A}_0 + BK\right) + \omega_x(t)A_1 \qquad (4.5.9)$$

其中

$$\tilde{A}_0 = \begin{bmatrix} a_1 & a_2 & 0 & 0 \\ 1 & a_4 & 0 & 0 \\ 0 & 0 & a_6 & a_7 \\ 0 & 0 & 1 & a_8 \end{bmatrix}$$

$$A_1 = \begin{bmatrix} 0 & 0 & \dfrac{J_x - J_y}{J_z} & a_3 \\ 0 & 0 & 0 & -1 \\ \dfrac{J_z - J_x}{J_y} & a_5 & 0 & 0 \\ 0 & 1 & 0 & 0 \end{bmatrix}$$

凸紧集 Δ 定义为

$$\Delta = \left\{ \omega_x(t) \colon \omega_x(t) \in [\omega^-, \omega^+] \right\}$$

其顶点集定义为

$$\Delta_{\mathrm{E}} = \left\{ \omega^-, \omega^+ \right\}$$

其中,$\omega^- = -400, \omega^+ = 400$。

因此,根据定理 4.5.1,若存在对称正定矩阵 P,使得下列矩阵不等式成立:

$$A^{\mathrm{T}}(\omega^-)P + PA(\omega^-) < 0 \qquad (4.5.10)$$

$$A^{\mathrm{T}}(\omega^+)P + PA(\omega^+) < 0 \qquad (4.5.11)$$

则系统 (4.5.2) 是二次稳定的。

。

利用凸优化工具 cvx[8]，可以求得满足矩阵不等式 (4.5.10) 和不等式 (4.5.11) 的对称正定矩阵为

$$P = \begin{bmatrix} 1.1674 & -0.3066 & 0.1089 & -1.0023 \\ -0.3066 & 222.6081 & 0.9376 & -0.1692 \\ 0.1089 & 0.9376 & 0.9705 & -0.1949 \\ -1.0023 & -0.1692 & -0.1949 & 223.0003 \end{bmatrix}$$

因此，系统 (4.5.2) 是二次稳定的，因而是渐近稳定的。

4.6 注　记

特征结构配置不但可以配置闭环系统的极点，而且可以把握它们的重数并同时配置闭环特征向量，因而可以全面、准确地把握控制系统的性能。本章介绍的特征结构配置方法给出了状态反馈控制器非常简洁、优美的完全参数化设计公式，提供了控制系统设计的全部自由度，可以作为线性系统设计的一种基本的参数化方法。在实际应用中，可以通过适当地选择设计参数 (包括自由参数甚至闭环系统极点) 使系统满足希望的性能要求。

段广仁教授及其合作者在线性系统的特征结构配置及其相关方面做了大量的工作，并以此为基础建立起了关于控制系统参数化设计的一套完整的理论与方法体系。相关的典型算法和方法被国际学者称为"段算法"和"段方法"，并被成功应用于自动发电系统和四旋翼飞行器的控制系统设计中。

本章关于状态反馈特征结构配置控制设计的理论结果主要取材于文献 [1]。关于模型参考输出跟踪控制方法的理论结果主要取材于文献 [1] 和 [4]。关于 BTT 导弹在定点上俯仰/偏航通道控制系统的参数化设计与分析主要取材于文献 [5] 并参考了文献 [6]、[7]。感兴趣的读者可以参阅上述文献以及文献 [9] 获得更多关于控制系统参数化设计方法的成果介绍。

参 考 文 献

[1] 段广仁. 线性系统理论. 3 版. 北京: 科学出版社, 2016.

[2] Patel R V, Toda M, Stidhar B. Robustness of linear quadratic state feedback designs in the presence of system uncertainty. IEEE Transactions on Automatic Control, 1977, 22(6): 945-949.

[3] 段广仁. 线性系统的特征结构配置与鲁棒控制系统设计. 哈尔滨: 哈尔滨工业大学博士学位论文, 1989.

[4] 段广仁, 强文义, 冯文剑, 等. 模型参考控制系统设计的一种完全参数化方法. 宇航学报, 1994, 15(2): 7-13.

[5] 谭峰. 导弹控制系统设计的参数化方法. 哈尔滨: 哈尔滨工业大学博士学位论文, 2008.

[6] 李友善. 自动控制原理. 3 版. 北京: 国防工业出版社, 2014.

[7] Duan G R, Yu H H. LMIs in Control Systems: Analysis, Design and Applications. Boca Raton: CRC Press, 2013.

[8] Grant M, Boyd S. CVX: MATLAB software for disciplined convex programming, version 2.0. CVX Research, Inc., http://cvxr.com/cvx, 2011.

[9] Duan G R. Generalized Sylvester Equations: Unified Parametric Solutions. Boca Raton: CRC Press, 2015.

第5章 高超声速飞行器沿弹道增益协调鲁棒控制系统设计

控制系统设计的鲁棒参数化方法研究的对象是定常线性系统，但是在实际飞行中高超声速飞行器的控制系统是一个时变非线性系统。对此，本章采用增益协调鲁棒控制设计方法，其基本思想是：在标称弹道上选取若干个特征点，将高超声速飞行器控制系统基于特征点进行线性化，得到若干线性系统。从而，飞行器在某特征点附近的动态可以由对应的线性系统近似描述，飞行器在飞行全程的动态则由一族切换的线性系统来近似描述。然后针对特征点上的线性化模型进行控制器设计即得到局部控制器，并通过某种增益协调策略得到全局控制器，以保证飞行器飞行全程的稳定性、鲁棒性和其他性能要求。在选定的特征点上，局部控制器的设计可以沿用现有的定常线性系统的控制设计方法。这充分体现了知识体系的传承性，也是增益协调控制方法的一个突出优点。本章首先给出增益协调鲁棒参数化控制器的设计方法和设计流程，然后将其应用于高超声速飞行器的沿弹道控制系统设计中。

5.1 增益协调鲁棒参数化控制方法

增益协调鲁棒参数化控制设计分两步完成：首先，基于定常线性系统的鲁棒参数化控制设计方法进行局部控制器设计，然后，基于某种增益协调策略进行全局控制器设计。下面给出详细介绍。

5.1.1 局部控制器的参数化

对于局部控制器设计，采用第 4 章给出的定常线性控制系统设计的鲁棒参数化方法。假设沿飞行弹道共有 r_0 个特征点。在特征点 i(对应时刻位于区间 (t_{i-1}, t_i)) 上对飞行器姿态系统进行线性化处理得到如下子系统：

$$\begin{cases} \dot{x} = A_i x + B_i u \\ y = C_i x + D_i u \end{cases} \tag{5.1.1}$$

飞行器姿态控制系统设计的基本要求是使闭环系统稳定并实现对于给定指令信号的跟踪。根据第 4 章的控制设计方法，采用 "反馈＋前馈" 的控制结构，即基于鲁棒参数化方法设计状态反馈控制器实现系统的镇定，并基于模型参考输出跟踪控制理论设计前馈跟踪控制器实现系统对于给定指令信号的跟踪。局部控制律的基本形式如下：

$$u = K_i x + G_i y_{\mathrm{r}} \tag{5.1.2}$$

根据第 4 章的结论，局部控制器 K_i 和 G_i 有如下参数化表达式：

$$K_i = K_i(s_j^i, f_j^i) = W_i V_i^{-1}, \quad j = 1, 2, \cdots, n \tag{5.1.3}$$

$$V_i = \begin{bmatrix} v_1^i & v_2^i & \cdots & v_n^i \end{bmatrix}, \quad v_j^i = N^i(s_j^i) f_j^i, \quad j = 1, 2, \cdots, n \tag{5.1.4}$$

$$W_i = \begin{bmatrix} w_1^i & w_2^i & \cdots & w_n^i \end{bmatrix}, \quad w_j^i = D^i(s_j^i) f_j^i, \quad j = 1, 2, \cdots, n \tag{5.1.5}$$

$$G_i = U_i - K_i Z_i \tag{5.1.6}$$

$$\begin{bmatrix} Z_i \\ U_i \end{bmatrix} = \begin{bmatrix} A_i & B_i \\ C_i & D_i \end{bmatrix}^{-1} \begin{bmatrix} 0 \\ I \end{bmatrix} \tag{5.1.7}$$

其中，$f_j^i \in \mathbf{C}^r, j = 1, 2, \cdots, n$ 为任何满足下述约束的参数向量：

约束 Ci1　当 $s_k^i = \bar{s}_j^i, \mathrm{Im} s_k^i \neq 0$ 时，$f_k^i = \bar{f}_j^i$。

约束 Ci2　$\det(V_i) \neq 0$。

可以看出，局部反馈控制器 K_i 完全由闭环子系统的特征值 $s_j^i(j = 1, 2, \cdots, n)$ 和自由参量 $f_j^i(j = 1, 2, \cdots, n)$ 决定，因而可以通过优化选取这些自由参数使得闭环系统满足一定的性能要求。根据局部反馈控制器 K_i 和系数矩阵 A_i, B_i, C_i, D_i，便可以进一步根据式 (5.1.6) 和式 (5.1.7) 得到局部前馈控制器 G_i。

5.1.2　全局控制器设计

当特征点上的局部反馈控制器设计完成之后，将它们按一定的规则连接起来便得到飞行全程的全局反馈控制器，即有

$$K(t) = K(t, K_i) \tag{5.1.8}$$

全局反馈控制器 $K(t)$ 的构成方法决定了所得闭环系统的稳定性和其他性能，因而是控制系统设计的重点和难点所在。下面将给出不同的方案，对这一问题进行详细的论述。

需要注意的是，本章着重讨论反馈控制器的求取。根据全局反馈控制器和系统矩阵，类似于式 (5.1.6) 或者按照别的方式，很容易求取得到全局前馈控制器 $G(t)$。

1. 全局鲁棒控制器设计

全局鲁棒控制设计的基本思想是采用一个定常的控制器实现全局的鲁棒控制。该定常控制器即针对某个特征点 (称为待设计特征点) 上子系统设计得到的局部控制器。全局鲁棒控制器特别适用于原始非线性系统变化不是非常剧烈的场合。这种控制器不需要切换,因此结构简单,便于工程实现。

由于全局鲁棒控制器的设计即针对待设计特征点上子系统的局部控制器设计,因此可直接采用定常线性系统的鲁棒参数化控制设计方法,下面进行简要总结。

当完成待设计特征点 (设对应于第 i 个特征点) 上子系统的局部控制器的参数化以后,选择如下的综合性能指标:

$$J_i(s_j^i, f_j^i) = w_{ie} J_{ie}(s_j^i, f_j^i) + w_{iE} J_{iE}(s_j^i, f_j^i) + w_{ir} J_{ir}(s_j^i, f_j^i) , \quad i \in \{1, 2, \cdots, r_0\} \tag{5.1.9}$$

其中, J_{ie}, J_{iE} 和 J_{ir} 分别表示跟踪性能指标、控制能量性能指标和鲁棒性指标,表达式如下:

$$J_{ie}(s_j^i, f_j^i) = \|(y - y_r)_T\|_{L_2} \tag{5.1.10}$$

$$J_{iE}(s_j^i, f_j^i) = \|K_i\|_2 \tag{5.1.11}$$

$$J_{ir}(s_j^i, f_j^i) = \|P_i\|_2 \tag{5.1.12}$$

其中

$$P_i = 2V_i^{-T} Q_i V_i^{-1} \tag{5.1.13}$$

$$Q_i = \left[-\frac{(v_j^i)^T v_k^i}{s_j^i + s_k^i} \right]_{n \times n} \tag{5.1.14}$$

w_{ie}, w_{iE} 和 w_{ir} 分别表示各项指标在综合性能指标中所占的权重,可根据需要凭经验进行选择。

然后,求解如下参数优化问题:

$$\min J_i(s_j^i, \ f_j^i), \quad j = 1, 2, \cdots, n$$

$$\text{s. t.} \begin{cases} a_j^i \leqslant \operatorname{Re}(s_j^i) \leqslant b_j^i < 0, \quad j = 1, 2, \cdots, n \\ c_j^i \leqslant \operatorname{Im}(s_j^i) \leqslant d_j^i, \quad j = 1, 2, \cdots, n \\ \text{约束 C}i1, \text{约束 C}i2, \quad i = 1, 2, \cdots, r_0 \end{cases} \tag{5.1.15}$$

其中, $a_j^i, b_j^i, c_j^i, d_j^i$ 给出了系统闭环极点的限制区域,其数值由系统性能要求决定,如快速性、超调量等。为了简化设计过程,提高优化速度,也可以事先指定闭环极点 $s_j^i(j = 1, 2, \cdots, n)$。

利用 MATLAB 提供的优化工具箱求解上述非线性优化问题，得到系统闭环极点 $s_j^i(j = 1, 2, \cdots, n)$ 和自由参量 $f_j^i(j = 1, 2, \cdots, n)$ 的值，从而得到希望的反馈控制器 K_i。该反馈控制器即作为全局反馈控制器 K。对应的局部前馈控制器 G_i 即作为全局前馈控制器 G。当然，为了实现原始非线性系统对于参考信号的良好跟踪，也可以对非线性系统进行实时在线近似线性化，得到实时的线性系统矩阵，然后结合该系统矩阵和全局反馈控制器 K 实时求取全局前馈控制器 $G(t)$。但是，这种方法计算量非常大，因而实际中较少使用。

从理论上讲，还需要验证所求得的反馈控制器 K 和前馈控制器 G 是否能够实现系统的全局镇定和跟踪。这涉及时变线性系统的稳定性，因而是一个比较难的问题。但是，可以基于凸多面体系统族的观点在一定程度上分析闭环系统的稳定性。

一般说，所选取的特征点均是有代表性的点，因而可以认为由所有特征点上的系统为顶点所成的凸多面体包含了所讨论的系统族，从物理意义上讲，即覆盖了我们感兴趣的飞行空域。因而，系统关于全空域参数变化的鲁棒稳定性问题便转化为凸多面体系统族的鲁棒稳定性问题。

根据定理 4.5.1，所求状态反馈控制器 K 能否作为全局鲁棒反馈控制器可以用如下准则判定。

准则 5.1.1 状态反馈控制器 K 是全局鲁棒镇定控制器的条件是：存在一个公共的对称正定矩阵 P，使得下式成立：

$$A_{ic}^{\mathrm{T}} P + P A_{ic} < 0, \quad i = 1, 2, \cdots, r_0 \tag{5.1.16}$$

其中

$$A_{ic} = A_i + B_i K$$

2. 抖动抑制硬切换控制器设计

这里给出一种构造全局控制器的增益协调策略，假设对象系数矩阵在特征点附近维持不变，而在特征点之间某处发生突变，所设计的控制器亦随之突变，即在局部控制器之间进行硬切换。

设有 r_0 个子系统随时间切换，即

$$\begin{cases} \dot{x} = A_i x + B_i u \\ y = C_i x + D_i u \end{cases}, \quad t \in [t_{i-1}, t_i), \quad i = 1, 2, \cdots, r_0 \tag{5.1.17}$$

其中，t_i 为切换时间点，则系统的全局硬切换控制律如下：

$$u = K_i x + G_i y_{\mathrm{r}}, \quad t \in [t_{i-1}, t_i), \quad i = 1, 2, \cdots, r_0 \tag{5.1.18}$$

其中，K_i 由特征点上的闭环特征值 s_j^i 和自由参向量 $f_j^i(j = 1, 2, \cdots, n)$ 决定，从而 s_j^i, $f_j^i(j = 1, 2, \cdots, n, \ i = 1, 2, \cdots, r_0)$ 提供了设计的全部自由度，可以通过在一定范围内优化其取值使得闭环切换系统具有期望的性能。

众所周知，稳定性是对系统性能的基本要求。关于由系统 (5.1.17) 和控制器 (5.1.18) 构成的闭环系统的稳定性，有如下结论。

引理 5.1.1[1]　　线性切换系统 (5.1.17) 和控制器 (5.1.18) 构成的闭环系统是渐近稳定的 $(r_0 \to \infty)$，若矩阵 $A_{ic} = A_i + B_i K_i(i = 1, 2, \cdots, r_0)$ 是 Hurwitz 的，且切换点间的时间间隔 $\delta_i = t_i - t_{i-1}(i = 1, 2, \cdots, r_0 - 1)$ 满足

$$\delta_i > \lambda_{\max}(P_i) \ln \lambda_{\max}(P_{i+1}P_i^{-1}) \tag{5.1.19}$$

其中，P_i 为下述矩阵方程的正定对称解：

$$A_{ic}^{\mathrm{T}}P_i + P_i A_{ic} = -2I \tag{5.1.20}$$

注意到 P_i 可以由 s_j^i 和 $f_j^i(j = 1, 2, \cdots, n)$ 显式表示 (见式 (5.1.13))，当切换时间点选定后，稳定性条件 (5.1.19) 转化为对于相邻两个特征点上的闭环特征值和自由参向量的约束。另外，系统的其他性能亦可以通过适当选取设计参数 s_j^i 和 $f_j^i(j = 1, 2, \cdots, n)$ 实现。

由于切换点处系统的控制器发生突变，因而控制信号不连续可能导致系统产生抖振，从而降低系统的性能，甚至破坏系统的稳定性。为了防止这一现象发生，可以考虑下述的抖动抑制指标 [2]：

$$J_{\mathrm{d}} = \sum_{i=1}^{r_0-1} w_{\mathrm{d}i} \|y_{i+1}(t_i) - y_i(t_i)\| \tag{5.1.21}$$

其中，$y_i(t_i)$, $y_{i+1}(t_i)$ 分别为 t_i 时刻切换前后受控子系统的输出；$w_{\mathrm{d}i}$ 为加权系数，可以根据实际情况选取。

从而，切换系统镇定转化为求解下述非线性优化问题：

$$\min J(s_j^i, \ f_j^i), \quad j = 1, 2, \cdots, n, \ i = 1, 2, \cdots, r_0$$

$$\mathrm{s.\,t.} \begin{cases} \delta_i > \lambda_{\max}(P_i) \ln \lambda_{\max}(P_{i+1}P_i^{-1}), \quad i = 1, \cdots, r_0 - 1 \\ a_j^i \leqslant \mathrm{Re}(s_j^i) \leqslant b_j^i < 0, \quad j = 1, 2, \cdots, n, \ i = 1, 2, \cdots, r_0 \\ c_j^i \leqslant \mathrm{Im}(s_j^i) \leqslant d_j^i, \quad j = 1, 2, \cdots, n, \ i = 1, 2, \cdots, r_0 \\ \text{约束 } Ci1, \ \text{约束 } Ci2, \quad i = 1, 2, \cdots, r_0 \end{cases} \tag{5.1.22}$$

其中，$J = \sum\limits_{i=1}^{r_0} J_i(s_j^i, f_j^i) + \sum\limits_{i=1}^{r_0-1} w_{\mathrm{d}i} \|y_{i+1}(t_i) - y_i(t_i)\|$。

这里将全部设计自由度进行综合优化，这样做的优点是系统的整体性能得到最大程度的提高，缺点是参与优化的变量较多，不利于求解。为克服这个问题，可以选用顺序设计的方法逐个优化，在 K_i 确定的情况下求取控制器 K_{i+1}，即先令 $i = 1$，求解如下非线性优化问题：

$$\min J_i(s_j^i, \ f_j^i), \quad j = 1, 2, \cdots, n$$

$$\text{s. t.} \begin{cases} a_j^i \leqslant \mathrm{Re}(s_j^i) \leqslant b_j^i < 0, \quad j = 1, 2, \cdots, n \\[2mm] c_j^i \leqslant \mathrm{Im}(s_j^i) \leqslant d_j^i, \quad j = 1, 2, \cdots, n \\[2mm] \text{约束 C}i1, \text{约束 C}i2, \quad i = 1, 2, \cdots, r_0 \end{cases} \tag{5.1.23}$$

从而得到第 1 个控制器 K_1；然后，依次令 $i = 2, 3, \cdots, r_0$，求解如下非线性优化问题：

$$\min J(s_j^i, \ f_j^i), \quad j = 1, 2, \cdots, n$$

$$\text{s. t.} \begin{cases} \delta_{i-1} > \lambda_{\max}(P_{i-1}) \ln \lambda_{\max}(P_i P_{i-1}^{-1}) \\[2mm] a_j^i \leqslant \mathrm{Re}(s_j^i) \leqslant b_j^i < 0, \quad j = 1, 2, \cdots, n \\[2mm] c_j^i \leqslant \mathrm{Im}(s_j^i) \leqslant d_j^i, \quad j = 1, 2, \cdots, n \\[2mm] \text{约束 C}i1, \text{约束 C}i2, \quad i = 1, 2, \cdots, r_0 \end{cases} \tag{5.1.24}$$

其中，$J = J_i(s_j^i, f_j^i) + w_{\mathrm{d}(i-1)} \|y_i(t_{i-1}) - y_{i-1}(t_{i-1})\|$。如此，依次得到控制器 $K_i(i = 2, 3, \cdots, r_0)$。

这里给出的抖动抑制切换律是假设对象系数矩阵在特征点附近维持不变，而在特征点之间某个时刻发生突变，所设计的控制器亦随之突变，在局部控制器之间进行硬切换。上述内容均是基于原系统的近似模型 (5.1.17) 进行设计。对于模型参数变化率不大的情况，这种近似是允许的。

3. 增益平滑切换控制器设计

在实际中，对象系统一般不是在特征点子系统之间进行硬切换，而是一个渐变的过程。因而，采用硬切换控制器可能会对系统造成不利影响。对于这一问题，可以根据多模型增益协调理论，设计合适的增益协调方法，使得控制器在各特征点间平滑变化，以保证所设计的控制系统在特征点之间工作时仍能保持较好的性能。

1) 增益矩阵插值法

最简单的方法是根据特征点上的局部控制增益矩阵进行插值计算，从而得到全局状态反馈控制器。

具体来说，就是针对每一个特征点子系统，采用前述的常线性系统的鲁棒参数化控制设计方法，得到希望的局部反馈控制器 K_i 和前馈控制器 G_i，然后通过下述线性插值方法计算得到全局反馈控制器和前馈控制器：

$$
K(t) = \begin{cases} K_i, & t_{i-1} \leqslant t < t_i - \Delta_i \\[2mm] \dfrac{t_i - t}{\Delta_i} K_i + \dfrac{t - t_i + \Delta_i}{\Delta_i} K_{i+1}, & t_i - \Delta_i \leqslant t < t_i, \\[2mm] K_{r_0}, & t \geqslant t_{r_0 - 1} \end{cases} \quad i = 1, 2, \cdots, r_0 - 1
$$

$$(5.1.25)$$

$$
G(t) = \begin{cases} G_i, & t_{i-1} \leqslant t < t_i - \Delta_i \\[2mm] \dfrac{t_i - t}{\Delta_i} G_i + \dfrac{t - t_i + \Delta_i}{\Delta_i} G_{i+1}, & t_i - \Delta_i \leqslant t < t_i, \\[2mm] G_{r_0}, & t \geqslant t_{r_0 - 1} \end{cases} \quad i = 1, 2, \cdots, r_0 - 1
$$

$$(5.1.26)$$

其中，$0 < \Delta_i < t_i - t_{i-1}(i = 1, 2, \cdots, r_0 - 1)$ 为设计参数。需要说明的是，为了令设计过程简单，这里使用线性插值获得特征点之间的参量，实际应用中亦可酌情选择其他插值方式。反馈增益矩阵插值法避免了控制器的突变，且实现简单，是实际应用中最常用的方法。

2) 特征结构插值法

由线性系统理论可知，定常线性系统的响应不仅与系统的特征值有关，还与系统的特征向量有关。系统的特征值决定响应衰减速度，而特征向量则决定响应的形状。因此，如果可以限定闭环系统的特征结构在特征点之间的变化规律，则系统在特征点之间的性能亦可以得到保证。基于这一思想可以给出一种基于特征结构插值的增益协调方法。

首先将对象模型整理为多模型增益协调系统的一般模式，即有

$$
\dot{x}(t) = A(\theta(t))x(t) + B(\theta(t))u(t) \tag{5.1.27}
$$

其中，$\theta(t)$ 为调度变量，它的取值是实时可测的。从而增益协调控制器可以依据调度变量 $\theta(t)$ 的实时值在各局部控制器之间插值得到。

在调度变量 $\theta(t)$ 的工作区间上选取特征点，记为 $\theta_1, \theta_2, \cdots, \theta_{r_0}$。设在两个相邻的特征点 θ_i 和 θ_{i+1} 上闭环子系统的特征值和特征向量分别为 s_j^i, s_j^{i+1} 和 v_j^i，$v_j^{i+1}(j = 1, 2, \cdots, n)$，则在特征点之间，时变系统的逐点的期望特征值 $s_{\mathrm{dj}}(\theta)$ 和特

征向量 $v_{\mathrm{d}j}(\theta)(j = 1, 2, \cdots, n)$ 为

$$s_{\mathrm{d}j}(\theta) = \frac{\theta_{i+1} - \theta}{\theta_{i+1} - \theta_i} s_j^i + \frac{\theta - \theta_i}{\theta_{i+1} - \theta_i} s_j^{i+1} \tag{5.1.28}$$

$$v_{\mathrm{d}j}(\theta) = \frac{\theta_{i+1} - \theta}{\theta_{i+1} - \theta_i} v_j^i + \frac{\theta - \theta_i}{\theta_{i+1} - \theta_i} v_j^{i+1} \tag{5.1.29}$$

由定常线性系统理论可知,定常线性系统可以用状态反馈任意配置极点的充要条件是系统完全可控,故而对时变系统 (5.1.27) 来说,若对应工作区间内 θ 的每一个取值,系统皆为可控的,则可以通过状态反馈令闭环系统的特征值平滑变化,如式 (5.1.28) 所示。然而已有结论表明 [3],仅当期望特征值 $v_{\mathrm{d}j}(\theta)$ 位于 $(s_{\mathrm{d}j}(\theta)I - A(\theta))B(\theta)$ 的列向量张成的子空间内时,系统的特征向量才是可以精确配置的。大多数情况下,实际闭环系统的特征向量 $v_j(\theta) \neq v_{\mathrm{d}j}(\theta)$,$\theta \in (\theta_i, \theta_{i+1})$。

根据控制系统设计的参数化方法理论可知,系统的特征向量 v_j 可以用闭环特征值和参向量表示,即

$$v_j = D(s_j)f_j , \quad j = 1, 2, \cdots, n \tag{5.1.30}$$

当闭环特征值 s_j 取定,可以通过调度参向量 f_j 控制特征向量的变化。设对于两个相邻的特征点 θ_i 和 θ_{i+1},设计的局部控制器分别为 $K_i(s_j^i, f_j^i, \ j = 1, 2, \cdots, n)$ 和 $K_{i+1}(s_j^{i+1}, f_j^{i+1}, \ j = 1, 2, \cdots, n)$。记 $s_j(\theta)(j = 1, 2, \cdots, n)$ 为对应每一特定的 $\theta(t)$ 的冻结系统的特征值,$f_j(\theta)$ 为相应的自由参向量。特征点间系统极点的选取如式 (5.1.28) 所示,即有 $s_j(\theta) = s_{\mathrm{d}j}(\theta)$。参向量 $f_j(\theta)$ 的选取可以采取下面两种方案。

方案 1

$$f_j(\theta) = \frac{\theta_{i+1} - \theta}{\theta_{i+1} - \theta_i} f_j^i + \frac{\theta - \theta_i}{\theta_{i+1} - \theta_i} f_j^{i+1} \tag{5.1.31}$$

方案 2

$$f_j(\theta) = \left[N^{\mathrm{T}}(s_j(\theta))N(s_j(\theta)) \right]^{-1} N^{\mathrm{T}}(s_j(\theta))v_{\mathrm{d}j}(\theta) \tag{5.1.32}$$

其中 $N(s)$ 满足

$$(sI - A(\theta))^{-1}B(\theta) = N(s)D^{-1}(s) \tag{5.1.33}$$

方案 1 是一种较为简单直观的方法,虽然不能严格令闭环系统的特征向量按照指定的轨迹变化,却从一定程度上实现了系统特征结构的渐变,从而保证系统在特征点之间的动态性能。

方案 2 给出的 $f_j(\theta)$ 是下述问题的解:

$$\|v_j(\theta) - v_{\mathrm{d}j}(\theta)\|^2 = \|N(s_j(\theta))f_j(\theta) - v_{\mathrm{d}j}(\theta)\|^2 = \min \tag{5.1.34}$$

这样，在调度变量 θ 的每一个取值上，闭环系统的特征向量 $v_j(\theta)$ 皆在最小二乘意义上逼近于其期望值 $v_{dj}(\theta)$。当系统的特征值和自由参向量确定之后，利用线性系统的特征结构配置理论可以计算得到时变控制器如下：

$$K(\theta) = [\; D(s_1(\theta))f_1(\theta) \quad D(s_2(\theta))f_2(\theta) \quad \cdots \quad D(s_n(\theta))f_n(\theta)\;]V^{-1}(\theta)$$
$$V(\theta) = [\; v_1(\theta) \quad v_2(\theta) \quad \cdots \quad v_n(\theta)\;], \quad v_j = N(s_j(\theta))f_j(\theta), \quad j = 1, 2, \cdots, n \tag{5.1.35}$$

由于线性系统响应特性取决于其特征值 s_j^i 和相应的特征向量 v_j^i，其中特征值决定系统衰减速度而特征向量决定状态响应的形态。采取上述的增益协调方法，则在选取的特征点之间，闭环系统的特征值和特征向量渐变，这意味着在各个特征点之间，系统在特征点上所具有的闭环特性仍将在很大程度上得到保持。更为重要的是，由于此种调度方法充分考虑了系统的内部特性，因此相对于传统的利用反馈增益矩阵插值的方法而言更为合理。

需要注意的是，根据前面提到的调度方法，对于调度变量 θ 的整个工作区间，系统的闭环特征值均被配置到左半复平面，因而闭环系统是逐点稳定的。然而逐点稳定仅能保证冻结系统的局部稳定性，据此并不能推断系统的全局稳定性。

综上所述，平滑切换增益协调控制器可以完全由调度变量和各个特征点上的闭环特征值 s_j^i 和自由参向量 f_j^i 参数化表示，即有

$$K(t) = K(\theta, s_j^i, f_j^i, \; j = 1, 2, \cdots, n, \; i = 1, 2, \cdots, r_0) \tag{5.1.36}$$

对于系统的其他性能要求，亦可以转化为对于这些设计参数的要求。从而可以通过在一定范围内优化设计参数的选取来得到使闭环系统满足指定性能要求的控制器。特征结构插值方法一般比较复杂，实现难度较大。有兴趣的读者可以参考文献 [1] 和 [4]。

5.2　增益协调鲁棒参数化控制设计的步骤

本节主要介绍两种常用的增益协调鲁棒参数化控制设计的步骤。一种是全局鲁棒参数化控制设计方法；另一种是增益平滑切换鲁棒参数化控制设计方法。

5.2.1　全局鲁棒参数化控制设计步骤

利用参数方法设计全局鲁棒控制器，首先需要选定特征点，在选定特征点上，控制器设计的流程可采用 4.3.2 节所介绍的模型参考输出跟踪控制的参数化设计流程。全局鲁棒控制器设计流程如图 5.1 所示，详细步骤如下所述。

第一步　确定特征点。根据设计任务和要求，在工作区域选定若干具有代表性

的点作为特征点。设一共有 r_0 个特征点。对应的近似线性化模型分别为

$$\Sigma_i : \begin{cases} \dot{x} = A_i x + B_i u \\ y = C_i x + D_i u \end{cases}, \quad t \in [t_{i-1}, t_i), \quad i = 1, 2, \cdots, r_0$$

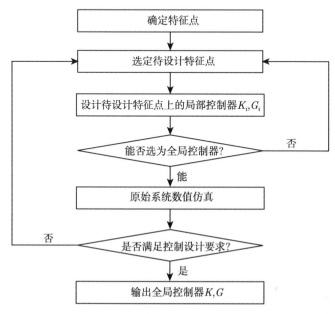

图 5.1 全局鲁棒控制器的设计流程

第二步 选定待设计特征点。设待设计的特征点为点 $i \in \{1, 2, \cdots, r_0\}$。

第三步 待设计特征点上的局部控制器设计。针对待设计特征点，采用模型参考输出跟踪控制的参数化设计流程设计状态反馈控制器 K_i 和前馈控制器 G_i。控制器设计的具体流程详见 4.3.2 节，其计算机辅助实现方法详见 4.4 节，这里不再赘述。

第四步 全局鲁棒控制器判别。将得到的局部反馈控制器 K_i 和对应的局部前馈控制器 G_i 作为候选的全局反馈控制器 K 和全局前馈控制器 G。利用准则 5.1.1 判断 K 能否作为全局鲁棒控制器，即检验是否存在一个公共的对称正定矩阵 P，使得式 (5.2.1) 成立：

$$(A_i + B_i K)^{\mathrm{T}} P + P (A_i + B_i K) < 0, \quad i = 1, 2, \cdots, r_0 \tag{5.2.1}$$

若该条件满足，则认为该局部反馈控制器 K_i 和对应的局部前馈控制器 G_i 即为期望的全局反馈控制器 K 和全局前馈控制器 G。否则，需要重新选取待设计特征点，重新设计。

为了实现原始非线性系统的输出对于参考信号的良好跟踪，也可以对非线性系统采用实时在线近似线性化，得到实时的线性系统矩阵，结合该实时系统矩阵和全局反馈控制器 K 实时求取全局前馈控制器 $G(t)$。

第五步　数值仿真。将得到的全局反馈控制器 K 和全局前馈控制器 G 放到原始控制系统中进行数值仿真。

第六步　根据仿真结果进行控制设计修正。根据仿真结果分析所设计控制器的控制效果。如果满足设计要求，则输出全局反馈控制器和前馈控制器，控制设计结束；否则，需要重新选取待设计特征点，重新设计。

5.2.2　增益平滑切换鲁棒参数化控制设计步骤

利用参数化方法设计增益平滑切换鲁棒控制器，同样首先需要在整个工作区域选取若干特征点。在选定的每一个特征点上，局部控制器设计的流程采用模型参考输出跟踪控制的参数化设计流程。当每一个特征点上的局部控制器设计完成之后，采用增益矩阵插值的方法得到全局平滑切换控制器。增益平滑切换鲁棒控制器设计流程如图 5.2 所示，详细步骤如下所述。

第一步　确定特征点。根据设计任务和要求，在工作区域选定若干具有代表性的点作为特征点。设一共有 r_0 个特征点。对应的近似线性化模型分别为

$$\Sigma_i: \quad \begin{cases} \dot{x} = A_i x + B_i u \\ y = C_i x + D_i u \end{cases}, \quad t \in [t_{i-1}, t_i), \quad i = 1, 2, \cdots, r_0$$

第二步　局部控制器设计。针对每一个特征点，采用模型参考输出跟踪控制的参数化设计流程设计得到局部状态反馈控制器 K_i 和局部前馈控制器 G_i。控制器设计的具体流程详见 4.3.2 节，其计算机辅助实现方法详见 4.4 节，这里不予赘述。

第三步　插值计算全局反馈控制器和前馈控制器。根据得到的局部反馈控制器 K_i 和局部前馈控制器 G_i，通过下述插值方法计算得到全局反馈控制器和全局前馈控制器：

$$K(t) = \begin{cases} K_i, & t_{i-1} \leqslant t < t_i - \Delta_i \\ \dfrac{t_i - t}{\Delta_i} K_i + \dfrac{t - t_i + \Delta_i}{\Delta_i} K_{i+1}, & t_i - \Delta_i \leqslant t < t_i, \quad i = 1, 2, \cdots, r_0 - 1 \\ K_{r_0}, & t \geqslant t_{r_0 - 1} \end{cases}$$

$$G(t) = \begin{cases} G_i, & t_{i-1} \leqslant t < t_i - \Delta_i \\ \dfrac{t_i - t}{\Delta_i} G_i + \dfrac{t - t_i + \Delta_i}{\Delta_i} G_{i+1}, & t_i - \Delta_i \leqslant t < t_i, \quad i = 1, 2, \cdots, r_0 - 1 \\ G_{r_0}, & t \geqslant t_{r_0 - 1} \end{cases}$$

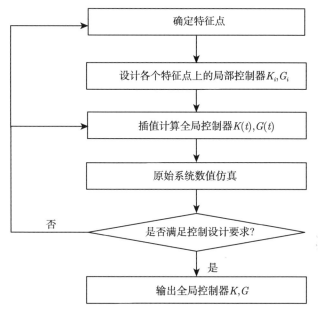

图 5.2 增益平滑切换鲁棒控制器的设计流程

第四步 数值仿真。将得到的全局控制器 $K(t)$ 和 $G(t)$ 放到原始控制系统中进行数值仿真。

第五步 根据仿真结果进行控制设计修正。根据仿真结果分析所设计控制器的控制效果。如果满足设计要求,则输出全局反馈控制器和前馈控制器;否则,可能需要调整插值策略,也可能需要调整某些特征点,进行重新设计。

5.3 高超声速飞行器的增益协调鲁棒参数化控制系统设计

高超声速飞行器爬升、巡航与俯冲飞行全程的制导与控制系统设计的基本任务是:确保飞行器稳定飞行;沿着程序弹道爬升飞行;在达到巡航高度和速度时,进行等高等速巡航飞行,并进行等高变速、等速变高和侧向转弯三种机动飞行;在飞行器燃料耗尽后进行无动力减速飞行;最后翻转 180° 对地面目标进行俯冲攻击。

5.3.1 高超声速飞行器爬升与巡航段的制导与鲁棒控制

1. 爬升与巡航段的制导

1) 爬升段程序弹道

根据高超声速飞行器爬升段的约束条件 (详见第 6 章),设计爬升段程序弹道,使其从 20km 的高度爬升到 33km,速度由 5 马赫 (1475.3m/s) 加速到 15 马赫 (4570.0m/s),所设计的爬升段程序弹道如图 5.3~ 图 5.8 所示。

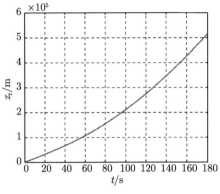

图 5.3　纵向位置变化曲线

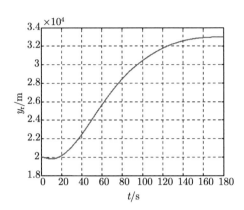

图 5.4　高度变化曲线

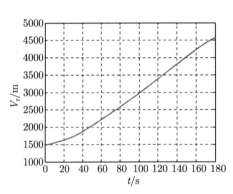

图 5.5　速度变化曲线

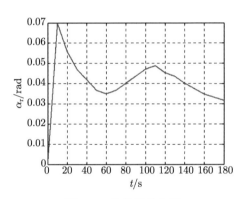

图 5.6　攻角变化曲线

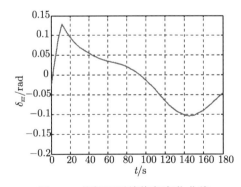

图 5.7　俯仰配平舵偏角变化曲线

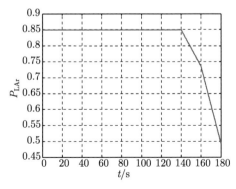

图 5.8　燃油阀门开度变化曲线

2) 爬升与巡航段的制导信号

为了实现对于给定程序弹道的跟踪,需要设计适当的攻角、侧滑角和滚转角指令信号。

由于飞行器采用 BTT 控制方式，所以侧滑角指令信号设为

$$\beta_c = 0 \tag{5.3.1}$$

为了求取攻角和滚转角指令信号，首先需要计算出需求的攻角和侧滑角：

$$\alpha_d = \alpha_r + k_{yp}(y - y_r) + k_{yd}(\dot{y} - \dot{y}_r) \tag{5.3.2}$$

$$\beta_d = k_{zp}(z - z_r) \tag{5.3.3}$$

其中，α_r 为攻角程序信号；y_r 和 z_r 为高度和侧向位置的程序信号；k_{yp}, k_{yd} 和 k_{zp} 为设计参数。进一步，就可以计算出期望的攻角指令和滚转角指令：

$$\alpha_c = \sqrt{\alpha_d^2 + k_\alpha \beta_d^2} \tag{5.3.4}$$

$$\gamma_c = \arctan \frac{k_\beta \beta_d}{\alpha_d} \tag{5.3.5}$$

在后面的仿真中，选取 $k_{yp} = 0.0005$, $k_{yd} = 0.0015$, $k_{zp} = 0.0005$, $k_\alpha = 0.04$, $k_\beta = -0.2$。

2. 爬升与巡航段的鲁棒控制器

1) 特征点选取

首先选取特征点。沿着质点弹道，分别选取高度为 20km，22km，24km，26km，28km，30km，32km 对应的点以及在 33km 高度以 15 马赫巡航飞行对应的点作为特征点，具体信息如表 5.1 所示。

表 5.1   爬升与巡航段的特征点信息

序号	高度/km	速度/(m/s)	弹道倾角/rad	质量/kg	攻角/rad	俯仰舵偏角/rad	燃油阀门开度
1	20	1475.3	0.0000	130000	0.0000	−0.0291	0.85
2	22	1825.8	0.0776	126250	0.0435	0.0599	0.85
3	24	2039.7	0.0803	124150	0.0368	0.0433	0.85
4	26	2257.6	0.0685	121970	0.0353	0.0336	0.85
5	28	2517.3	0.0505	119230	0.0389	0.0247	0.85
6	30	2875.7	0.0308	115090	0.0454	−0.0020	0.85
7	32	3485.3	0.0135	106850	0.0445	−0.0777	0.85
8	33	4570.0	0.0000	85000	0.0332	−0.0436	0.09

2) 待设计特征点选取

选取表 5.1 中的第 8 个点作为待设计特征点。根据 3.3.3 节中所建立的面向控制的飞行器姿态系统模型，得到在上述特征点处飞行器俯仰通道控制系统的系统

矩阵和输入矩阵分别为

$$A_{p8} = \begin{bmatrix} -3.88795 & 1.50318 \\ 1.00000 & -0.07112 \end{bmatrix}$$

$$B_{p8} = \begin{bmatrix} 2.83241 \\ 0.00352 \end{bmatrix}$$

滚转/偏航通道控制系统的系统矩阵和输入矩阵分别为

$$A_{ry8} = \begin{bmatrix} -3.90064 & 0.00000 & 5.04228 & -15.75353 \\ 1.00000 & 0.00000 & -0.03317 & 0.00000 \\ 0.30730 & 0.00000 & -4.22695 & -5.39798 \\ 0.00000 & 0.00214 & 1.00000 & -0.03905 \end{bmatrix}$$

$$B_{ry8} = \begin{bmatrix} -12.39008 & 2.88533 \\ 0.00000 & 0.00000 \\ 0.25476 & -1.31628 \\ -0.00001 & 0.00125 \end{bmatrix}$$

3) 待设计特征点上的局部控制器设计

下面利用鲁棒参数化控制方法的计算机辅助设计软件 ParaCAD 分别完成飞行器在特征点上的俯仰通道和滚转/偏航通道的控制器设计。

(1) 俯仰通道。

在优化计算主文件 MainFile.m 中，按照提示完成如下信息输入：

① 系统状态维数为 dim_state=2；

② 系统输入维数为 dim_input=1；

③ 系统输出维数为 dim_output=1；

④ 系统矩阵为

$$A_{p} = \begin{bmatrix} -3.88795 & 1.50318 \\ 1.00000 & -0.07112 \end{bmatrix}$$

$$B_{p} = \begin{bmatrix} 2.83241 \\ 0.00352 \end{bmatrix}$$

$$C_{p} = \begin{bmatrix} 0 & 1 \end{bmatrix}$$

$$D_{p} = 0$$

⑤ 闭环极点为 $s_1 = -4, s_2 = -8$；

⑥ 跟踪性能指标权重为 $w_e = 0.01$；

⑦ 控制能量指标权重为 $w_E = 0.98$；

⑧ 鲁棒性指标权重为 $w_r = 0.01$；

⑨ 自由参数向量初值为 $f_1 = 2.2970, f_2 = -0.0124$；

⑩ 系统初始状态为 $x(0) = \begin{bmatrix} 0.04 & 0.002 \end{bmatrix}^{\mathrm{T}}$；

⑪ 参考输出为 $y_r = 0.04$；

⑫ 仿真时间为 $T = 5\mathrm{s}$；

⑬ 仿真步长为 delta=0.01s；

⑭ 最大迭代优化次数为 $N_{\max} = 10000$。

完成上述输入工作后，运行 MainFile.m 文件，经过调用 MATLAB 中的 fminsearch 优化函数进行参数优化计算后，可得

① 自由参数向量 $f_1 = 2.3185, f_2 = -0.0122$；

② 反馈控制器 $K_p = \begin{bmatrix} -2.8246 & -11.4693 \end{bmatrix}$；

③ 前馈控制器 $G_p = 11.2435$。

(2) 滚转/偏航通道。

在优化计算主文件 MainFile.m 中，按照提示完成如下信息输入：

① 系统状态维数为 dim_state=4；

② 系统输入维数为 dim_input=2；

③ 系统输出维数为 dim_output=2；

④ 系统矩阵为

$$A_{\mathrm{ry}} = \begin{bmatrix} -3.90064 & 0.00000 & 5.04228 & -15.75353 \\ 1.00000 & 0.00000 & -0.03317 & 0.00000 \\ 0.30730 & 0.00000 & -4.22695 & -5.39798 \\ 0.00000 & 0.00214 & 1.00000 & -0.03905 \end{bmatrix}$$

$$B_{\mathrm{ry}} = \begin{bmatrix} -12.39008 & 2.88533 \\ 0.00000 & 0.00000 \\ 0.25476 & -1.31628 \\ -0.00001 & 0.00125 \end{bmatrix}$$

$$C_{\mathrm{ry}} = \begin{bmatrix} 0 & 1 & 0 & 0 \\ 0 & 0 & 0 & 1 \end{bmatrix}$$

$$D_{\mathrm{ry}} = 0_{2 \times 2}$$

⑤ 闭环极点为 $s_{1,2} = -3 \pm 0.5\mathrm{i}, s_{3,4} = -7 \pm 1\mathrm{i}$；

⑥ 跟踪性能指标权重为 $w_e = 0.01$；

⑦ 控制能量指标权重为 $w_E = 0.98$；

⑧ 鲁棒性指标权重为 $w_r = 0.01$；

⑨ 自由参数向量的初值为

$$f_1 = [2.2970 - 0.0124i \quad 2.0668 + 8.0568i]^T$$
$$f_2 = [2.2970 + 0.0124i \quad 2.0668 - 8.0568i]^T$$
$$f_3 = [-1.0676 + 2.0262i \quad 2.3181 - 4.7051i]^T$$
$$f_4 = [-1.0676 - 2.0262i \quad 2.3181 + 4.7051i]^T$$

⑩ 系统初始状态为 $x(0) = [\ 0.050 \quad 0.002 \quad -0.006 \quad 0.002\ ]^T$；

⑪ 参考输出为 $y_r = [0.1 \quad 0]^T$；

⑫ 仿真时间为 $T = 5s$；

⑬ 仿真步长为 delta=0.01s；

⑭ 最大迭代优化次数为 $N_{max} = 10000$。

完成上述输入工作后，运行 MainFile.m 文件，经过调用 MATLAB 中的 fminsearch 优化函数进行参数优化计算后，可得

① 自由参数向量

$$f_1 = [2.5375 - 0.0078i \quad 3.3644 + 0.0375i]^T$$
$$f_2 = [2.5375 + 0.0078i \quad 3.3644 - 0.0375i]^T$$
$$f_3 = [-1.8029 + 1.2895i \quad 4.7677 + 3.0978i]^T$$
$$f_4 = [-1.8029 - 1.2895i \quad 4.7677 - 3.0978i]^T$$

② 反馈控制器

$$K_{ry} = \begin{bmatrix} 1.1276 & 3.5215 & 1.3908 & 1.4035 \\ 1.8793 & -2.1948 & 2.7661 & 1.2559 \end{bmatrix}$$

③ 前馈控制器

$$G_{ry} = \begin{bmatrix} -3.5177 & -3.8157 \\ 2.2079 & -6.0821 \end{bmatrix}$$

4) 全局鲁棒控制器判别

如表 5.1 所示，在前 7 个特征点处飞行器俯仰通道和滚转/偏航通道控制系统的系统矩阵和输入矩阵分别如下所示。

(1) 特征点 1。

$$A_{\mathrm{p1}} = \begin{bmatrix} -11.14122 & -5.57786 \\ 1.00000 & -0.16628 \end{bmatrix}$$

$$B_{\mathrm{p1}} = \begin{bmatrix} 1.81421 \\ 0.00717 \end{bmatrix}$$

$$A_{\mathrm{ry1}} = \begin{bmatrix} -15.04187 & 0.00000 & 17.49759 & -20.49628 \\ 1.00000 & 0.00000 & 0.00000 & 0.00000 \\ 1.67166 & 0.00000 & -13.02410 & 2.56996 \\ 0.00000 & 0.00664 & 1.00000 & -0.09813 \end{bmatrix}$$

$$B_{\mathrm{ry1}} = \begin{bmatrix} -6.33425 & 2.53272 \\ 0.00000 & 0.00000 \\ 0.10260 & -1.16729 \\ -0.00001 & 0.00320 \end{bmatrix}$$

(2) 特征点 2。

$$A_{\mathrm{p2}} = \begin{bmatrix} -8.57706 & -4.35731 \\ 1.00000 & -0.14710 \end{bmatrix}$$

$$B_{\mathrm{p2}} = \begin{bmatrix} 2.12270 \\ 0.00665 \end{bmatrix}$$

$$A_{\mathrm{ry2}} = \begin{bmatrix} -11.23594 & 0.00000 & 13.71621 & -19.78368 \\ 1.00000 & 0.00000 & -0.12169 & 0.00000 \\ 1.22310 & 0.00000 & -10.14465 & 1.93606 \\ 0.00000 & 0.00533 & 1.00000 & -0.09172 \end{bmatrix}$$

$$B_{\mathrm{ry2}} = \begin{bmatrix} -6.55999 & 2.59989 \\ 0.00000 & 0.00000 \\ 0.00499 & -1.18890 \\ 0.00000 & 0.00262 \end{bmatrix}$$

(3) 特征点 3。

$$A_{p3} = \begin{bmatrix} -6.51167 & -3.48523 \\ 1.00000 & -0.12095 \end{bmatrix}$$

$$B_{p3} = \begin{bmatrix} 1.91675 \\ 0.00538 \end{bmatrix}$$

$$A_{ry3} = \begin{bmatrix} -8.33989 & 0.00000 & 10.22916 & -16.25462 \\ 1.00000 & 0.00000 & -0.11760 & 0.00000 \\ 0.89643 & 0.00000 & -7.70914 & 1.15672 \\ 0.00000 & 0.00477 & 1.00000 & -0.07459 \end{bmatrix}$$

$$B_{ry3} = \begin{bmatrix} -6.17919 & 2.36003 \\ 0.00000 & 0.00000 \\ 0.02487 & -1.08029 \\ 0.00000 & 0.00214 \end{bmatrix}$$

(4) 特征点 4。

$$A_{p4} = \begin{bmatrix} -5.02350 & -2.79741 \\ 1.00000 & -0.09869 \end{bmatrix}$$

$$B_{p4} = \begin{bmatrix} 1.71454 \\ 0.00435 \end{bmatrix}$$

$$A_{ry4} = \begin{bmatrix} -6.25199 & 0.00000 & 7.73111 & -13.37867 \\ 1.00000 & 0.00000 & -0.10418 & 0.00000 \\ 0.66204 & 0.00000 & -5.90514 & 0.47521 \\ 0.00000 & 0.00432 & 1.00000 & -0.06021 \end{bmatrix}$$

$$B_{ry4} = \begin{bmatrix} -5.68952 & 2.09173 \\ 0.00000 & 0.00000 \\ 0.03414 & -0.95750 \\ 0.00000 & 0.00172 \end{bmatrix}$$

(5) 特征点 5。

$$A_{p5} = \begin{bmatrix} -3.97979 & -2.30004 \\ 1.00000 & -0.08121 \end{bmatrix}$$

$$B_{p5} = \begin{bmatrix} 1.57367 \\ 0.00357 \end{bmatrix}$$

$$A_{ry5} = \begin{bmatrix} -4.77871 & 0.00000 & 5.97696 & -11.31826 \\ 1.00000 & 0.00000 & -0.08955 & 0.00000 \\ 0.49543 & 0.00000 & -4.60957 & 0.16486 \\ 0.00000 & 0.00388 & 1.00000 & -0.04886 \end{bmatrix}$$

$$B_{ry5} = \begin{bmatrix} -5.35686 & 1.86985 \\ 0.00000 & 0.00000 \\ 0.04259 & -0.85513 \\ 0.00000 & 0.00139 \end{bmatrix}$$

(6) 特征点 6。

$$A_{p6} = \begin{bmatrix} -3.31019 & -1.99271 \\ 1.00000 & -0.06862 \end{bmatrix}$$

$$B_{p6} = \begin{bmatrix} 1.53425 \\ 0.00304 \end{bmatrix}$$

$$A_{ry6} = \begin{bmatrix} -3.79519 & 0.00000 & 4.78963 & -10.14448 \\ 1.00000 & 0.00000 & -0.07630 & 0.00000 \\ 0.37952 & 0.00000 & -3.73545 & -0.90408 \\ 0.00000 & 0.00340 & 1.00000 & -0.04035 \end{bmatrix}$$

$$B_{ry6} = \begin{bmatrix} -5.49353 & 1.74565 \\ 0.00000 & 0.00000 \\ 0.07302 & -0.79704 \\ 0.00000 & 0.00114 \end{bmatrix}$$

(7) 特征点 7。

$$A_{\mathrm{p}7} = \begin{bmatrix} -3.00644 & -1.45952 \\ 1.00000 & -0.06241 \end{bmatrix}$$

$$B_{\mathrm{p}7} = \begin{bmatrix} 1.70540 \\ 0.00278 \end{bmatrix}$$

$$A_{\mathrm{ry}7} = \begin{bmatrix} -3.25477 & 0.00000 & 4.11009 & -10.30079 \\ 1.00000 & 0.00000 & -0.05809 & 0.00000 \\ 0.30507 & 0.00000 & -3.31039 & -2.12974 \\ 0.00000 & 0.00281 & 1.00000 & -0.03539 \end{bmatrix}$$

$$B_{\mathrm{ry}7} = \begin{bmatrix} -6.97155 & 1.85465 \\ 0.00000 & 0.00000 \\ 0.18046 & -0.84620 \\ -0.00001 & 0.00101 \end{bmatrix}$$

利用凸优化工具 CVX[5]，可以验证存在两个对称正定矩阵

$$P_{\mathrm{p}} = \begin{bmatrix} 2.5865 & 0.8330 \\ 0.8330 & 68.4030 \end{bmatrix}$$

$$P_{\mathrm{ry}} = 10^3 \times \begin{bmatrix} 0.0300 & 0.0165 & 0.0160 & 0.0067 \\ 0.0165 & 0.9531 & 0.0426 & 0.6613 \\ 0.0160 & 0.0426 & 0.0865 & 0.1138 \\ 0.0067 & 0.6613 & 0.1138 & 1.4790 \end{bmatrix}$$

满足

$$(A_{\mathrm{p}i} + B_{\mathrm{p}i}K_{\mathrm{p}})^{\mathrm{T}}P_{\mathrm{p}} + P_{\mathrm{p}}(A_{\mathrm{p}i} + B_{\mathrm{p}i}K_p) < 0, \quad i = 1, 2, \cdots, 8$$
$$(A_{\mathrm{ry}i} + B_{\mathrm{ry}i}K_{\mathrm{ry}})^{\mathrm{T}}P_{\mathrm{ry}} + P_{\mathrm{p}}(A_{\mathrm{ry}i} + B_{\mathrm{ry}i}K_{\mathrm{ry}}) < 0, \quad i = 1, 2, \cdots, 8$$

因此，设计得到的局部控制器，可以作为期望的全局鲁棒控制器。

3. 速度控制

对于高超声速飞行器的速度控制，主要通过控制发动机燃油阀门开度 P_{LA} 来实现。在程序燃油阀门开度 P_{LAr} 的基础上，根据实际速度 V 与期望速度 V_{r} 的误差进行比例反馈控制实现速度的控制，即

$$P_{\mathrm{LAc}} = P_{\mathrm{LAr}} - k_{P_{\mathrm{LA}}}(V - V_{\mathrm{r}}) \tag{5.3.6}$$

其中，$k_{P_{LA}}$ 为待定的比例反馈控制增益。

在后面的仿真中，取 $k_{P_{LA}} = 0.05$。

5.3.2 高超声速飞行器俯冲段的制导与鲁棒控制

高超声速飞行器俯冲段制导与控制的目标是保证飞行器稳定飞行，并且实现对于地面目标的精确打击。

1. 俯冲段的制导

因为飞行器采用 BTT 控制方式，所以侧滑角指令信号为

$$\beta_c = 0 \tag{5.3.7}$$

由于飞行器攻角的允许范围是 $[-1°, 10°]$，因此在俯冲攻击段必须让飞行器翻转 $180°$ 飞行。为此，在俯冲段开始的一段时间 $0 \leqslant t \leqslant T_2$ 内设计攻角和滚转角指令如下：

$$\alpha_c = \begin{cases} \alpha_0 + \dfrac{t}{T_1}(0.0175 - \alpha_0), & 0 \leqslant t \leqslant T_1 \\ 0.0175, & T_1 < t \leqslant T_2 \end{cases} \tag{5.3.8}$$

$$\gamma_c = \begin{cases} \gamma_0 + \dfrac{t}{T_1}(\pi - \gamma_0), & 0 \leqslant t \leqslant T_1 \\ \pi, & T_1 < t \leqslant T_2 \end{cases} \tag{5.3.9}$$

当 $t > T_2$ 时，制导律切换到一种简化的比例导引律。首先，计算出需求的攻角和侧滑角信号：

$$\alpha_d = \frac{k_\alpha m V \dot\varepsilon}{Q S c_y^\alpha} \tag{5.3.10}$$

$$\beta_d = \frac{k_\beta m V \dot\eta}{Q S c_z^\beta} \tag{5.3.11}$$

其中，$\dot\varepsilon$ 和 $\dot\eta$ 分别为视线倾角变化率和视线偏角变化率；k_α 和 k_β 为设计参数。进一步，就可以给出期望的攻角指令和滚转角指令：

$$\alpha_c = \alpha_d \tag{5.3.12}$$

$$\gamma_c = \pi - k_\gamma \beta_d \tag{5.3.13}$$

其中，k_γ 为设计参数。

在后面的仿真中，取 $T_1 = 20\text{s}$，$T_2 = 25\text{s}$，$k_\alpha = -1.5$，$k_\beta = 2$，$k_\gamma = 1.5$。

2. 俯冲段的鲁棒控制

高超声速飞行器的俯冲段为无动力飞行，因此不进行速度控制，发动机燃油阀门开度指令设为 0。下面设计俯冲段姿态系统的鲁棒控制器。

首先，选取特征点。选取高度为 33km，速度为 8 马赫的点作为特征点，具体信息如表 5.2 所示。

表 5.2　俯冲段特征点信息

高度/km	速度/(m/s)	弹道倾角/rad	质量/kg	攻角/rad	俯仰舵偏角/rad	燃油阀门开度
33	2437.3	0.0000	64000	0.0873	0.1396	0

其次，根据 3.3.3 节中所建立的面向控制的飞行器姿态系统模型，得到在上述特征点处飞行器俯仰通道控制系统的系统矩阵和输入矩阵分别为

$$A_p = \begin{bmatrix} -3.83527 & -2.94266 \\ 1.00000 & -0.05847 \end{bmatrix}$$

$$B_p = \begin{bmatrix} 1.35284 \\ 0.00312 \end{bmatrix}$$

滚转/偏航通道控制系统的系统矩阵和输入矩阵分别为

$$A_{ry} = \begin{bmatrix} -4.46592 & 0.00000 & 5.39547 & -10.15339 \\ 1.00000 & 0.00000 & -0.08749 & 0.00000 \\ 0.43283 & 0.00000 & -3.99413 & 0.02641 \\ 0.00000 & 0.00401 & 1.00000 & -0.03463 \end{bmatrix}$$

$$B_{ry} = \begin{bmatrix} -3.71966 & 1.41465 \\ 0.00000 & 0.00000 \\ -0.05789 & -0.64097 \\ 0.00000 & 0.00106 \end{bmatrix}$$

最后，利用鲁棒参数化控制方法的计算机辅助设计软件 ParaCAD 分别完成飞行器在该特征点上俯仰通道和滚转/偏航通道的控制器设计。

(1) 俯仰通道。

在优化计算主文件 MainFile.m 中，按照提示完成如下信息输入：

① 系统状态维数为 dim_state=2；

② 系统输入维数为 dim_input=1；

③ 系统输出维数为 dim_output=1；

④ 系统矩阵为

$$A_{\mathrm{p}} = \begin{bmatrix} -3.83527 & -2.94266 \\ 1.00000 & -0.05847 \end{bmatrix}$$

$$B_{\mathrm{p}} = \begin{bmatrix} 1.35284 \\ 0.00312 \end{bmatrix}$$

$$C_{\mathrm{p}} = \begin{bmatrix} 0 & 1 \end{bmatrix}$$

$$D_{\mathrm{p}} = 0$$

⑤ 闭环极点为 $s_1 = -1.5, s_2 = -3$；
⑥ 跟踪性能指标权重为 $w_{\mathrm{e}} = 0.01$；
⑦ 控制能量指标权重为 $w_{\mathrm{E}} = 0.98$；
⑧ 鲁棒性指标权重为 $w_{\mathrm{r}} = 0.01$；
⑨ 自由参数向量的初值为 $f_1 = 2.2970, f_2 = -0.0124$；
⑩ 系统初始状态为 $x(0) = \begin{bmatrix} 0.04 & 0.002 \end{bmatrix}^{\mathrm{T}}$；
⑪ 参考输出为 $y_{\mathrm{r}} = 0.04$；
⑫ 仿真时间为 $T = 5\mathrm{s}$；
⑬ 仿真步长为 delta=0.01s；
⑭ 最大迭代优化次数为 $N_{\max} = 10000$。

完成上述输入工作后，运行 MainFile.m 文件，经过调用 MATLAB 中的 fminsearch 优化函数进行参数优化计算后，可得

① 自由参数向量

$$f_1 = 2.2990, \quad f_2 = -0.0124$$

② 反馈控制器

$$K_{\mathrm{p}} = \begin{bmatrix} -0.4459 & -0.9539 \end{bmatrix}$$

③ 前馈控制器

$$G_{\mathrm{p}} = 3.2972$$

(2) 滚转/偏航通道。

在优化计算主文件 MainFile.m 中，按照提示完成如下信息输入：
① 系统状态维数为 dim_state=4；
② 系统输入维数为 dim_input=2；
③ 系统输出维数为 dim_output=2；

④ 系统矩阵为

$$A_{\mathrm{ry}} = \begin{bmatrix} -4.46592 & 0.00000 & 5.39547 & -10.15339 \\ 1.00000 & 0.00000 & -0.08749 & 0.00000 \\ 0.43283 & 0.00000 & -3.99413 & 0.02641 \\ 0.00000 & 0.00401 & 1.00000 & -0.03463 \end{bmatrix}$$

$$B_{\mathrm{ry}} = \begin{bmatrix} -3.71966 & 1.41465 \\ 0.00000 & 0.00000 \\ -0.05789 & -0.64097 \\ 0.00000 & 0.00106 \end{bmatrix}$$

$$C_{\mathrm{ry}} = \begin{bmatrix} 0 & 1 & 0 & 0 \\ 0 & 0 & 0 & 1 \end{bmatrix}$$

$$D_{\mathrm{ry}} = 0_{2\times2}$$

⑤ 闭环极点为 $s_1 = -1, s_2 = -3, s_3 = -2, s_4 = -4$；

⑥ 跟踪性能指标权重为 $w_{\mathrm{e}} = 0.1$；

⑦ 控制能量指标权重为 $w_{\mathrm{E}} = 0.8$；

⑧ 鲁棒性指标权重为 $w_{\mathrm{r}} = 0.1$；

⑨ 自由参数向量的初值为 $f_1 = [1 \quad 1]^{\mathrm{T}}, f_2 = [-1 \quad 1]^{\mathrm{T}}, f_3 = [1 \quad -1]^{\mathrm{T}}, f_4 = [-1 \quad -1]^{\mathrm{T}}$；

⑩ 系统初始状态为 $x(0) = [\ 0.050 \quad 0.002 \quad -0.006 \quad 0.002 \ ]^{\mathrm{T}}$；

⑪ 参考输出为 $y_{\mathrm{r}} = [0.0873 \quad 0]^{\mathrm{T}}$；

⑫ 仿真时间为 $T=5\mathrm{s}$；

⑬ 仿真步长为 delta=0.01s；

⑭ 最大迭代优化次数为 $N_{\max} = 10000$。

完成上述输入工作后，运行 MainFile.m 文件，经过调用 MATLAB 中的 fminsearch 优化函数进行参数优化计算后，可得

① 自由参数向量

$$f_1 = [1.4789 \quad 0.3274]^{\mathrm{T}}, \quad f_2 = [-0.4735 \quad 0.0905]^{\mathrm{T}}$$

$$f_3 = [1.4381 \quad -1.2842]^{\mathrm{T}}, \quad f_4 = [-1.3179 \quad -1.6940]^{\mathrm{T}}$$

② 反馈控制器

$$K_{\mathrm{ry}} = \begin{bmatrix} 0.1784 & 1.1497 & 2.2072 & 1.3043 \\ -0.5903 & -1.8525 & -0.1857 & 2.0278 \end{bmatrix}$$

③ 前馈控制器

$$G_{\mathrm{ry}} = \begin{bmatrix} -1.1368 & -4.0385 \\ 1.8761 & -1.9517 \end{bmatrix}$$

根据后面的仿真结果可知上述控制器可以实现高超声速飞行器在俯冲段的控制目标，因而可以将其作为俯冲段的鲁棒控制器。

5.4 注 记

本章给出了两种主要的增益协调方法，即全局鲁棒方法和增益平滑切换方法。相比之下，全局鲁棒方法控制器简单，实现方便，一般作为控制的首选方案。但是，如果系统的参数变化超出了鲁棒控制器能够承受的范围，则需要考虑增益切换策略。当然，有时为了获得更好的控制性能，也可以采用增益切换策略。为了避免控制器的硬切换可能造成的暂态性能的恶化，一般采取平滑切换的增益协调策略。

对于高超声速飞行器，分别设计了爬升和巡航段以及俯冲段的鲁棒控制器，利用 5.1.2 节介绍的增益平滑切换的增益协调方式，可以很容易地得到高超声速飞行器爬升、巡航和俯冲全程的控制器，这里不再赘述。

参 考 文 献

[1] Tan F, Duan G R. Stability criterion and stabilization of linear time-varying systems. The 48th IEEE Conference on Decision and Control, 2009: 3238-3243.

[2] 段广仁, 王好谦, 张焕水. 平滑切换控制律的参数化设计及其在倾斜转弯导弹中的应用. 航天控制, 2005, 23(2): 41-46.

[3] 段广仁. 线性系统理论. 3 版. 北京: 科学出版社, 2016.

[4] 谭峰. 导弹控制系统设计的参数化方法. 哈尔滨: 哈尔滨工业大学博士学位论文, 2008.

[5] Grant M, Boyd S. CVX: MATLAB software for disciplined convex programming, version 2.1. http://cvxr.com/cvx, 2011.

第6章 高超声速飞行器控制系统的非线性数值仿真

本章首先建立用于高超声速飞行器控制方法性能测试的六自由度非线性数值仿真平台，并根据模型不确定性和干扰的极限情况，建立仿真情形库 (包括标称情况)。然后结合高超声速飞行器在爬升、巡航和俯冲飞行过程中的典型情形，对所设计的控制器进行仿真测试，验证高超声速飞行器增益协调鲁棒参数化控制方法的有效性。

6.1 高超声速飞行器制导与控制系统仿真软件

为了对高超声速飞行器控制算法的有效性进行验证，需要进行制导与控制系统的六自由度非线性数值仿真。为此，本书基于 MATLAB/Simulink 软件开发了高超声速飞行器制导与控制系统的六自由度非线性数值仿真软件平台 [1]。

6.1.1 基本数学模型

在高超声速飞行器制导与控制系统的非线性数值仿真中，所用的基本数学模型主要来源于 3.2 节中介绍的飞行器六自由度非线性运动模型，但由于受到风干扰的影响而又有所不同 [2]。

一般说，风干扰随着地理位置、时间和高度的变化而随机变化。在工程实际中，通常把风速 W 看成常值风速 W_{c} 和随机风速 ΔW 的矢量和。常值风速对于飞行器的影响容易修正，但随机风速对于飞行器的影响则是随机的，因而难以修正。

为了研究风干扰对飞行器的影响，设风速 W 的大小为 W，其在地理坐标系下的投影为 $\begin{bmatrix} W_x & W_y & W_z \end{bmatrix}^{\mathrm{T}}$。于是，飞行器对于空气的相对速度为 $V_{\mathrm{r}} = V_{\mathrm{A}} - W$。相对速度的大小和相对于地面坐标系的方位可描述为

$$
\begin{cases}
V_W = \sqrt{(V_x - W_x)^2 + (V_y - W_y)^2 + (V_z - W_z)^2} \\
\theta_W = \arctan\left[(V_y - W_y) \Big/ \sqrt{(V_x - W_x)^2 + (V_z - W_z)^2} \right] \\
\psi_{VW} = \arctan\left[(-V_z + W_z)/(V_x - W) \right]
\end{cases}
\tag{6.1.1}
$$

其中，$\begin{bmatrix} V_x & V_y & V_z \end{bmatrix}^{\mathrm{T}}$ 表示飞行器速度 V_{A} 在地面坐标系下的投影，即有

$$
\begin{cases}
V_x = V \cos\theta \cos\psi_V \\
V_y = V \sin\theta \\
V_z = -V \cos\theta \sin\psi_V
\end{cases}
\tag{6.1.2}
$$

由此可进而计算出相对速度 V_{r} 对应的攻角 α_W、侧滑角 β_W 和倾角 γ_{VW} 如下:

$$
\left\{
\begin{aligned}
\sin\beta_W &= \cos\theta_W[\sin\vartheta\sin\gamma\cos(\psi-\psi_{VW})+\cos\gamma\sin(\psi-\psi_{VW})]\\
&\quad -\sin\theta_W\cos\vartheta\sin\gamma\\
\sin\alpha_W\cos\beta_W &= \cos\theta_W[\sin\vartheta\cos\gamma\cos(\psi-\psi_{VW})-\sin\gamma\sin(\psi-\psi_{VW})]\\
&\quad -\sin\theta_W\cos\vartheta\cos\gamma\\
\sin\gamma_{VW}\cos\beta_W &= \sin\theta_W[\sin\vartheta\sin\gamma\cos(\psi-\psi_{VW})+\cos\gamma\sin(\psi-\psi_{VW})]\\
&\quad +\cos\theta_W\cos\vartheta\sin\gamma\\
\cos\gamma_{VW}\cos\beta_W &= \cos\gamma\cos(\psi-\psi_{VW})-\sin\vartheta\sin\gamma\sin(\psi-\psi_{VW})
\end{aligned}
\right.
\tag{6.1.3}
$$

其中,$\alpha_W\in(-0.5\pi,0.5\pi)$; $\beta_W\in(-0.5\pi,0.5\pi)$; $\gamma_{VW}\in(-0.5\pi,1.5\pi)$。

风干扰会影响作用于飞行器上的气动力和气动力矩,主要表现在两个方面: 一是在计算气动力和气动力矩时,要使用相对速度大小 V_W(马赫数 M_W) 及其对应的攻角 α_W,侧滑角 β_W 代替速度大小 V 及其对应的攻角 α 和侧滑角 β;二是在飞行器质心运动的动力学方程中,计算升力和侧向力的投影项时要用相对速度对应的倾角 γ_{VW} 代替速度倾角 γ_V。

综上所述,在高超声速飞行器制导与控制系统的六自由度非线性数值仿真中,采用的基本数学模型如下所述。

1) 质心运动的动力学方程 (弹道坐标系)

$$
\left\{
\begin{aligned}
\frac{\mathrm{d}V}{\mathrm{d}t} &= \frac{1}{m}(P\cos\alpha\cos\beta-X-mg\sin\theta)\\
\frac{\mathrm{d}\theta}{\mathrm{d}t} &= \frac{1}{mV}[P(\sin\alpha\cos\gamma_V+\cos\alpha\sin\beta\sin\gamma_V)+Y\cos\gamma_{VW}-Z\sin\gamma_{VW}-mg\cos\theta]\\
\frac{\mathrm{d}\psi_V}{\mathrm{d}t} &= -\frac{1}{mV\cos\theta}[P(\sin\alpha\sin\gamma_V-\cos\alpha\sin\beta\cos\gamma_V)+Y\sin\gamma_{VW}+Z\cos\gamma_{VW}]
\end{aligned}
\right.
\tag{6.1.4}
$$

其中,γ_{VW} 表示相对速度对应的倾角。

2) 绕质心转动的动力学方程 (弹体坐标系)

$$
\left\{
\begin{aligned}
\frac{\mathrm{d}\omega_x}{\mathrm{d}t} &= \frac{J_y-J_z}{J_x}\omega_z\omega_y+\frac{M_x}{J_x}\\
\frac{\mathrm{d}\omega_y}{\mathrm{d}t} &= \frac{J_z-J_x}{J_y}\omega_x\omega_z+\frac{M_y}{J_y}\\
\frac{\mathrm{d}\omega_z}{\mathrm{d}t} &= \frac{J_x-J_y}{J_z}\omega_y\omega_x+\frac{M_z}{J_z}
\end{aligned}
\right.
\tag{6.1.5}
$$

3) 质心运动的运动学方程 (地面坐标系)

$$\begin{cases} \dfrac{\mathrm{d}x}{\mathrm{d}t} = V\cos\theta\cos\psi_V \\[2mm] \dfrac{\mathrm{d}y}{\mathrm{d}t} = V\sin\theta \\[2mm] \dfrac{\mathrm{d}z}{\mathrm{d}t} = -V\cos\theta\sin\psi_V \end{cases} \tag{6.1.6}$$

4) 绕质心转动的运动学方程 (地面坐标系)

$$\begin{cases} \dfrac{\mathrm{d}\vartheta}{\mathrm{d}t} = \omega_y\sin\gamma + \omega_z\cos\gamma \\[2mm] \dfrac{\mathrm{d}\psi}{\mathrm{d}t} = \dfrac{1}{\cos\vartheta}\left(\omega_y\cos\gamma - \omega_z\sin\gamma\right) \\[2mm] \dfrac{\mathrm{d}\gamma}{\mathrm{d}t} = \omega_x - \tan\vartheta\left(\omega_y\cos\gamma - \omega_z\sin\gamma\right) \end{cases} \tag{6.1.7}$$

5) 气动数据模型

$$\begin{cases} X = Q_W S C_{\mathrm{D}}(V_W, M_W, \alpha_W, \beta_W, \omega_x, \omega_y, \omega_z, \delta_{\mathrm{a}}, \delta_{\mathrm{e}}, \delta_{\mathrm{r}}) \\ Y = Q_W S C_{\mathrm{L}}(V_W, M_W, \alpha_W, \beta_W, \omega_x, \omega_y, \omega_z, \delta_{\mathrm{a}}, \delta_{\mathrm{e}}, \delta_{\mathrm{r}}) \\ Z = Q_W S C_{\mathrm{N}}(V_W, M_W, \alpha_W, \beta_W, \omega_x, \omega_y, \omega_z, \delta_{\mathrm{a}}, \delta_{\mathrm{e}}, \delta_{\mathrm{r}}) \end{cases} \tag{6.1.8}$$

$$\begin{cases} M_x = Q_W S b m_x(V_W, M_W, \alpha_W, \beta_W, \omega_x, \omega_y, \omega_z, \delta_{\mathrm{a}}, \delta_{\mathrm{e}}, \delta_{\mathrm{r}}) \\ M_y = Q_W S b m_y(V_W, M_W, \alpha_W, \beta_W, \omega_x, \omega_y, \omega_z, \delta_{\mathrm{a}}, \delta_{\mathrm{e}}, \delta_{\mathrm{r}}) \\ M_z = Q_W S c m_z(V_W, M_W, \alpha_W, \beta_W, \omega_x, \omega_y, \omega_z, \delta_{\mathrm{a}}, \delta_{\mathrm{e}}, \delta_{\mathrm{r}}) \end{cases} \tag{6.1.9}$$

其中，M_W 表示相对速度 V_W 对应的马赫数; 函数 C_{D}, C_{L}, C_{N}, m_x, m_y 和 m_z 的详细表达式如附录 II 所示。

6) 推力模型

$$P = P(M_W, h, P_{\mathrm{LA}}) \tag{6.1.10}$$

其中，P 的详细表达式如附录 III 所示。

7) 角度计算方程

$$\begin{cases} \sin\beta = \cos\theta[\sin\vartheta\sin\gamma\cos(\psi - \psi_V) + \cos\gamma\sin(\psi - \psi_V)] - \sin\theta\cos\vartheta\sin\gamma \\ \sin\alpha\cos\beta = \cos\theta[\sin\vartheta\cos\gamma\cos(\psi - \psi_V) - \sin\gamma\sin(\psi - \psi_V)] - \sin\theta\cos\vartheta\cos\gamma \\ \sin\gamma_V\cos\beta = \sin\theta[\sin\vartheta\sin\gamma\cos(\psi - \psi_V) + \cos\gamma\sin(\psi - \psi_V)] + \cos\theta\cos\vartheta\sin\gamma \\ \cos\gamma_V\cos\beta = \cos\gamma\cos(\psi - \psi_V) - \sin\vartheta\sin\gamma\sin(\psi - \psi_V) \end{cases}$$

$$\tag{6.1.11}$$

$$\begin{cases} \sin \beta_W = \cos \theta_W [\sin \vartheta \sin \gamma \cos(\psi - \psi_{VW}) + \cos \gamma \sin(\psi - \psi_{VW})] \\ \qquad - \sin \theta_W \cos \vartheta \sin \gamma \\ \sin \alpha_W \cos \beta_W = \cos \theta_W [\sin \vartheta \cos \gamma \cos(\psi - \psi_{VW}) - \sin \gamma \sin(\psi - \psi_{VW})] \\ \qquad - \sin \theta_W \cos \vartheta \cos \gamma \\ \sin \gamma_{VW} \cos \beta_W = \sin \theta_W [\sin \vartheta \sin \gamma \cos(\psi - \psi_{VW}) + \cos \gamma \sin(\psi - \psi_{VW})] \\ \qquad + \cos \theta_W \cos \vartheta \sin \gamma \\ \cos \gamma_{VW} \cos \beta_W = \cos \gamma \cos(\psi - \psi_{VW}) - \sin \vartheta \sin \gamma \sin(\psi - \psi_{VW}) \end{cases}$$

$$(6.1.12)$$

其中, α, β, α_W, $\beta_W \in (-0.5\pi, 0.5\pi)$; γ_V, $\gamma_{VW} \in (-0.5\pi, 1.5\pi)$。

8) 质量与转动惯量变化方程

$$\frac{\mathrm{d}m}{\mathrm{d}t} = -m_c(t), \quad m_e \leqslant m \leqslant m_f \qquad (6.1.13)$$

$$\begin{cases} J_x = J_{x0} + \dfrac{J_{xe} - J_{x0}}{m_e - m_0}(m - m_0) \\ J_y = J_{y0} + \dfrac{J_{ye} - J_{y0}}{m_e - m_0}(m - m_0) \\ J_z = J_{z0} + \dfrac{J_{ze} - J_{z0}}{m_e - m_0}(m - m_0) \end{cases} \qquad (6.1.14)$$

其中, 质量变化率 $m_c(t)$ 的计算公式见附录III。

9) 控制关系方程

$$\begin{cases} \delta_{ec} = \delta_z + \delta_x \\ \delta_{ac} = \delta_z - \delta_x \\ \delta_{rc} = \delta_y \\ P_{LAc} = \chi_{P_{LA}}(V, V_c) \end{cases} \qquad (6.1.15)$$

其中, V_c 为速度指令信号; δ_x, δ_y 和 δ_z 的计算公式如下:

$$\begin{bmatrix} \delta_x \\ \delta_y \end{bmatrix} = K_{ry} \begin{bmatrix} \omega_x \\ \gamma \\ \omega_y \\ \beta \end{bmatrix} + G_{ry} \begin{bmatrix} \gamma_c \\ \beta_c \end{bmatrix} \qquad (6.1.16)$$

$$\delta_z = K_p \begin{bmatrix} \omega_z \\ \alpha \end{bmatrix} + G_p \alpha_c \qquad (6.1.17)$$

其中, 控制器 K_{ry}, G_{ry}, K_p 和 G_p 的求取如第 5 章所示; γ_c, β_c 和 α_c 为制导系统生成的指令信号。

10) 执行机构模型

执行机构模型用于描述左升降舵偏角、右升降舵偏角、方向舵偏角以及燃油阀门开度和它们的指令之间的关系。通常，可以用二阶惯性环节来对执行机构模型进行描述。

$$\sigma(s) = \frac{1}{T_i^2 s^2 + 2\zeta_i T_i s + 1}\sigma_c(s), \quad \sigma = \delta_e, \ \delta_a, \ \delta_r, \ P_{LA} \tag{6.1.18}$$

在后面的仿真中，取 $T_i = 0.1s$, $\xi_i = 1$。

除此以外，执行机构的输出还受到饱和非线性的影响，即满足

$$-20° \leqslant \delta_e, \ \delta_a, \ \delta_r \leqslant 20°, \quad 0 \leqslant P_{LA} \leqslant 1$$

11) 大气密度、温度与声速模型

大气密度、温度与声速随着高度的变化而变化。详细的依赖关系见附录IV。

12) 重力常数

由于视地面坐标系为惯性坐标系，重力场为平行力场，而且飞行器在地球表面附近运动，故取重力常数为 $g = 9.8m/s^2$。

13) 不确定性模型

在飞行器的建模过程中做了很多假设和简化，导致飞行器数学模型与实际模型之间存在偏差。例如，通过风洞实验得到的气动参数与实际飞行过程中的气动参数之间存在偏差；由燃料晃动和消耗引起的转动惯量偏差；温度、季节等因素引起的大气密度和温度偏差；等等。一般说，飞行器的气动力参数不确定性主要影响制导轨迹，而气动力矩参数不确定性则主要影响控制性能。由于本书的目的是通过数值仿真来考察飞行器控制系统的性能，因此，这里考虑的不确定性主要包括气动力矩系数不确定性、大气密度和温度不确定性、转动惯量不确定性。不确定性模型描述成乘性形式，如表 6.1 所示。

表 6.1　不确定性模型

序号	存在不确定性的变量	变量名称	不确定性模型
1	m_x	滚转力矩系数	$m_x(1+\Delta_{m_x})$
2	m_y	偏航力矩系数	$m_y(1+\Delta_{m_y})$
3	m_z	俯仰力矩系数	$m_z(1+\Delta_{m_z})$
4	ρ	大气密度	$\rho(1+\Delta_\rho)$
5	T	大气温度	$T(1+\Delta_T)$
6	J_x	x 轴转动惯量	$J_x(1+\Delta_{J_x})$
7	J_y	y 轴转动惯量	$J_y(1+\Delta_{J_y})$
8	J_z	z 轴转动惯量	$J_z(1+\Delta_{J_z})$

6.1.2 软件结构与功能

基于 MATLAB/Simulink 软件，本书开发了高超声速飞行器制导与控制系统的六自由度非线性数值仿真软件：HVGC6DOFSIM。该软件程序包含在与本书配套的程序包中。软件的设计采用了模块化的思想，其基本结构如图 6.1 所示，软件的 Simulink 主程序的界面效果图如图 6.2 所示。

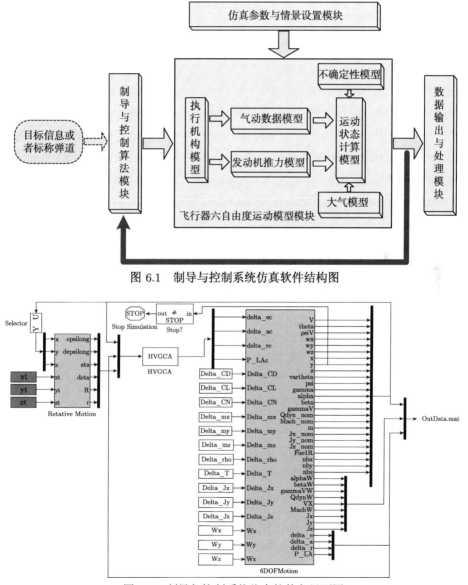

图 6.1 制导与控制系统仿真软件结构图

图 6.2 制导与控制系统仿真软件主界面图

软件主要包括: 仿真参数与情景设置模块、制导与控制算法模块、飞行器六自由度运动模型模块、数据输出与处理模块四个部分。由于采用了模块化的设计方法,因而该仿真软件具有良好的通用性和可扩展性。

下面对每个模块的功能进行详细介绍。

1) 仿真参数与情景设置模块

此模块主要完成的功能包括: 飞行器初始状态设置以及仿真情形的设置,后者主要包括各种不确定性和干扰的设置。在软件中,该模块的功能主要由 m 文件"Initialization.m" 来完成。

2) 制导与控制算法模块

该模块的主要功能是根据提供的输入变量以及使用者所编写的制导与控制算法,计算并输出飞行器的控制指令信号。该模块中实际输入变量的选择以及具体的制导与控制算法的编写由使用者根据自己的需要而定。在软件中,该模块的功能主要通过 Simulink 主界面中的 S 函数模块 "HVGCA" 来实现。软件模块中提供的输入与指定的输出信号分别描述如下。

(1) 输入变量。

制导与控制算法模块的输入变量包括飞行器六自由度运动模型模块所输出变量中的可用信号 29 个以及其他信号。如飞行器的标称弹道信息或者飞行器与目标的相对运动信息等。于是,该模块的输入变量一共 $29+X$ 个,按照顺序如表 6.2 所示。

表 6.2   制导与控制算法模块输入变量表

序号	符号	含义	单位	序号	符号	含义	单位
1	V	速度	m/s	16	Qdyn_nom	名义动压	Pa
2	theta	弹道倾角	rad	17	Mach_nom	名义马赫数	—
3	psiV	弹道偏角	rad	18	m	质量	kg
4	wx	滚转角速率	rad/s	19	Jx_nom	名义 x 轴转动惯量	kg·m²
5	wy	偏航角速率	rad/s	20	Jy_nom	名义 y 轴转动惯量	kg·m²
6	wz	俯仰角速率	rad/s	21	Jz_nom	名义 z 轴转动惯量	kg·m²
7	x	纵向位置	m	22	FuelR	燃油消耗率	kg/s
8	y(h)	高度	m	23	nbx	体轴纵向过载	—
9	z	侧向位置	m	24	nby	体轴法向过载	—
10	vartheta	俯仰角	rad	25	nbz	体轴侧向过载	—
11	psi	偏航角	rad	26	delta_e	左升降舵偏角	rad
12	gamma	滚转角	rad	27	delta_a	右升降舵偏角	rad
13	alpha	攻角	rad	28	delta_r	方向舵偏角	rad
14	beta	侧滑角	rad	29	P_LA	燃油阀门开度	—
15	gammaV	速度倾角	rad	30		其他信号 (如弹道、相对运动信息等)	

(2) 输出变量。

制导与控制算法模块的输出变量为四个控制指令信号，按顺序分别为：

① 左升降舵偏角指令 delta_ec (单位：rad)；

② 右升降舵偏角指令 delta_ac (单位：rad)；

③ 方向舵偏角指令 delta_rc (单位：rad)；

④ 燃油阀门开度指令 P_LAc。

3) 飞行器六自由度运动模型模块

飞行器六自由度运动模型模块根据 6.1.1 节介绍的描述飞行器六自由度非线性运动的基本公式而构建。在软件中，该模块的功能主要由 Simulink 程序主界面中的 "6DOFMotion" 这一模块来实现。该模块中提供的输入信号与输出信号分别介绍如下。

(1) 输入变量。

该模块的输入变量包括四个控制指令信号，按顺序分别为：

① 左升降舵偏角指令 delta_ec(单位：rad)；

② 右升降舵偏角指令 delta_ac(单位：rad)；

③ 方向舵偏角指令 delta_rc (单位：rad)；

④ 燃油阀门开度指令 P_LAc；

⑤ 各种不确定性和干扰信号。

(2) 输出变量。

该模块的输出变量即为描述飞行器六自由度非线性运动模型的相关变量，按顺序如表 6.3 所示。

表 6.3 六自由度非线性运动模型模块输出变量表

序号	符号	含义	单位	序号	符号	含义	单位
1	V	速度	m/s	12	gamma	滚转角	rad
2	theta	弹道倾角	rad	13	alpha	攻角	rad
3	psiV	弹道偏角	rad	14	beta	侧滑角	rad
4	wx	滚转角速率	rad/s	15	gammaV	速度倾角	rad
5	wy	偏航角速率	rad/s	16	Qdyn_nom	名义动压	Pa
6	wz	俯仰角速率	rad/s	17	Mach_nom	名义马赫数	—
7	x	纵向位置	m	18	m	质量	kg
8	y	高度	m	19	Jx_nom	名义 x 轴转动惯量	kg·m^2
9	z	侧向位置	m	20	Jy_nom	名义 y 轴转动惯量	kg·m^2
10	vartheta	俯仰角	rad	21	Jz_nom	名义 z 轴转动惯量	kg·m^2
11	psi	偏航角	rad	22	FuelR	燃油消耗率	kg/s

续表

序号	符号	含义	单位	序号	符号	含义	单位
23	nbx	体轴纵向过载	—	31	MachW	实际马赫数	m/s
24	nby	体轴法向过载	—	32	Jx	实际 x 轴转动惯量	kg·m²
25	nbz	体轴侧向过载	—	33	Jy	实际 y 轴转动惯量	kg·m²
26	alphaW	实际攻角	rad	34	Jz	实际 z 轴转动惯量	kg·m²
27	betaW	实际侧滑角	rad	35	delta_e	左升降舵偏角	rad
28	gammaW	实际速度倾角	rad	36	delta_a	右升降舵偏角	rad
29	QdynW	实际动压	Pa	37	delta_r	方向舵偏角	rad
30	Vw	相对速度	m/s	38	P_LA	燃油阀门开度	—

4) 数据输出与处理模块

该模块的功能是将状态数据输出保存到 OutData.mat 文件并进行处理,包括计算、评估并输出评估结果,以及将仿真结果进行可视化显示等。

6.2　测 试 弹 道

6.2.1　标称弹道

为了进行高超声速飞行器制导与控制系统的分析、设计以及数值仿真,首先需要确定标称弹道。高超声速飞行器的典型飞行弹道如图 6.3 所示。其飞行过程主要包括三个阶段,分别为爬升段、巡航段 (包括无动力减速段) 和俯冲段。各飞行阶段

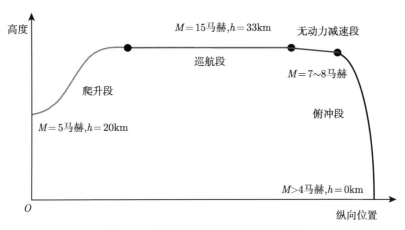

图 6.3　高超声速飞行器典型飞行弹道

的飞行状态不同,所面临的控制问题也不同,通过各飞行阶段的六自由度非线性数值仿真可以充分地验证制导与控制方法的有效性和适用性。

高超声速飞行器从爬升到巡航再到俯冲飞行全程所受的典型弹道约束条件如表 6.4 和表 6.5 所述。

表 6.4 爬升段与巡航段典型状态约束

序号	变量	变量名称	约束范围
1	α	攻角	$-1° \sim 10°$
2	β	侧滑角	$-2° \sim 2°$
3	Q	动压	$\leqslant 150\text{kPa}$
4	z	侧向位移	$-1 \sim 1\text{km}$
5	n_x	体轴纵向过载	$-10g \sim 10g$
6	n_y	体轴法向过载	$-10g \sim 10g$
7	n_z	体轴侧向过载	$-10g \sim 10g$

表 6.5 俯冲段典型状态约束

序号	变量	变量名称	约束范围
1	α	攻角	$-1° \sim 10°$
2	β	侧滑角	$-4° \sim 4°$
3	n_x	体轴纵向过载	$-20g \sim 20g$
4	n_y	体轴法向过载	$-20g \sim 20g$
5	n_z	体轴侧向过载	$-20g \sim 20g$
6	Δz	侧向位置偏差	$-1 \sim 1\text{km}$
7	Δx	纵向位置偏差	$-1 \sim 1\text{km}$

根据上述要求与约束条件,设计标称弹道使高超声速飞行器从 20km 的高度爬升到 33km,速度由 5 马赫加速到 15 马赫,并在此状态进行巡航飞行与典型的机动飞行,直至发动机燃料消耗殆尽,之后飞行器进行无动力减速,直至速度降到 7 ~8 马赫,随后飞行器翻转 180° 进行俯冲飞行。

6.2.2 偏差设定

为了充分验证所设计的高超声速飞行器控制算法的有效性,需要在各种不确定性和干扰影响的情形下进行控制系统的六自由度非线性数值仿真,并考察所设计控制系统的鲁棒性。针对 6.1.1 节中描述的不确定性模型,设定参数偏差如表 6.6 所示。

表 6.6　参数偏差设定

序号	不确定参数	摄动范围
1	Δ_{m_x}	$[-30\%, 30\%]$
2	Δ_{m_y}	$[-30\%, 30\%]$
3	Δ_{m_z}	$[-30\%, 30\%]$
4	Δ_ρ	$[-5\%, 5\%]$
5	Δ_T	$[-5\%, 5\%]$
6	Δ_{J_x}	$[-20\%, 20\%]$
7	Δ_{J_y}	$[-20\%, 20\%]$
8	Δ_{J_z}	$[-20\%, 20\%]$

6.3　爬升段仿真

对于爬升段的仿真测试，将使飞行器实现对于标称弹道的跟踪，主要是实现对于高度和速度参考信号的跟踪。具体来说就是，在 180s 时间内，使飞行器的高度按照高度参考信号由 20km 爬升到 33km，速度按照速度参考信号由 5 马赫 (1475.3m/s) 加速到 15 马赫 (4570.0m/s)。

6.3.1　标称情形

1. 仿真条件

对于标称情形，飞行器爬升的初始条件和不确定参数偏差设置如表 6.7 所示。

表 6.7　爬升段标称情形的仿真条件设置

序号	初值参数	取值	序号	不确定参数	取值
1	$V(0)$	1475.3m/s	1	Δ_{m_x}	0
2	$\theta(0)$	$0°$	2	Δ_{m_y}	0
3	$\psi_V(0)$	$0°$	3	Δ_{m_z}	0
4	$\omega_x(0)$	$0°/s$	4	Δ_ρ	0
5	$\omega_y(0)$	$0°/s$	5	Δ_T	0
6	$\omega_z(0)$	$0°/s$	6	Δ_{J_x}	0
7	$x(0)$	0m	7	Δ_{J_y}	0
8	$y(0)$	20000m	8	Δ_{J_z}	0
9	$z(0)$	0m			
10	$\gamma(0)$	$0°$			
11	$\vartheta(0)$	$0°$			
12	$\psi(0)$	$0°$			
13	$m(0)$	130000kg			

2. 仿真结果

1) 质心运动

在标称情形下，高超声速飞行器在爬升段的质心运动状态变化曲线如图 6.4～图 6.13 所示。

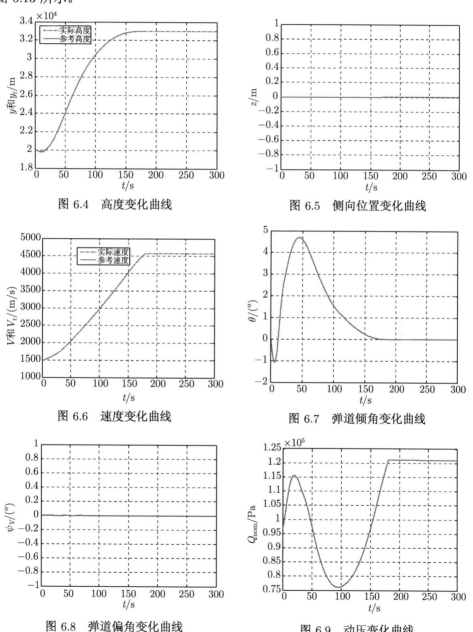

图 6.4 高度变化曲线

图 6.5 侧向位置变化曲线

图 6.6 速度变化曲线

图 6.7 弹道倾角变化曲线

图 6.8 弹道偏角变化曲线

图 6.9 动压变化曲线

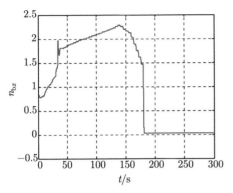

图 6.10 纵向过载变化曲线

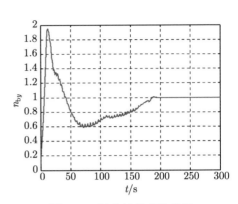

图 6.11 法向过载变化曲线

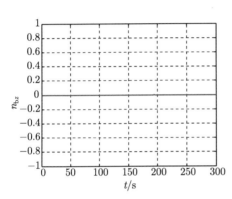

图 6.12 侧向过载变化曲线

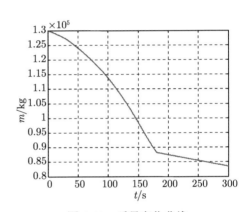

图 6.13 质量变化曲线

2) 姿态运动

在标称情形下，高超声速飞行器在爬升段的姿态变化曲线如图 6.14～图 6.21 所示。

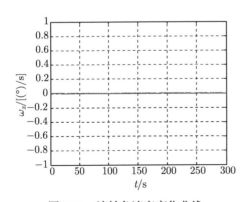

图 6.14 滚转角速率变化曲线

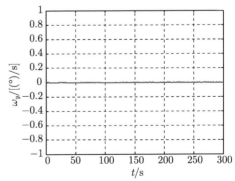

图 6.15 偏航角速率变化曲线

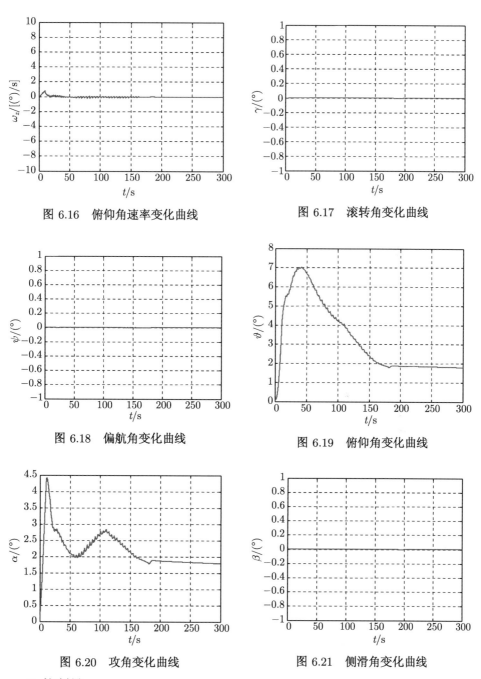

图 6.16　俯仰角速率变化曲线

图 6.17　滚转角变化曲线

图 6.18　偏航角变化曲线

图 6.19　俯仰角变化曲线

图 6.20　攻角变化曲线

图 6.21　侧滑角变化曲线

3) 控制量

在标称情形下, 高超声速飞行器在爬升段的控制量变化曲线如图 6.22~图 6.25 所示。

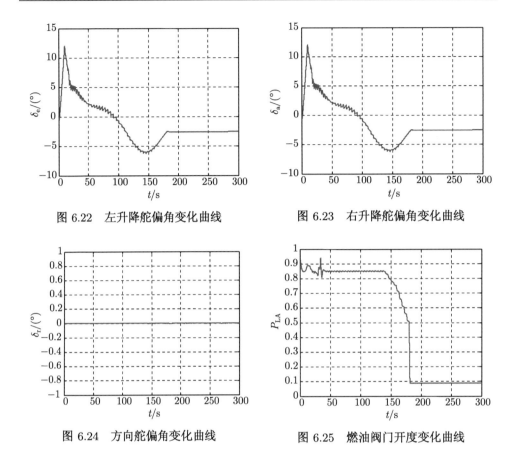

图 6.22 左升降舵偏角变化曲线 图 6.23 右升降舵偏角变化曲线

图 6.24 方向舵偏角变化曲线 图 6.25 燃油阀门开度变化曲线

6.3.2 极限拉偏情形 I

1. 仿真条件

对于极限拉偏情形 I，飞行器爬升的初始条件和不确定参数偏差设置如表 6.8 所示。

表 6.8 爬升段极限拉偏情形 I 的仿真条件设置

序号	初值参数	取值	序号	初值参数	取值
1	$V(0)$	1475.3m/s	8	$y(0)$	20000m
2	$\theta(0)$	0°	9	$z(0)$	0m
3	$\psi_V(0)$	0°	10	$\gamma(0)$	0°
4	$\omega_x(0)$	50°/s	11	$\vartheta(0)$	0°
5	$\omega_y(0)$	15°/s	12	$\psi(0)$	0°
6	$\omega_z(0)$	15°/s	13	$m(0)$	130000kg
7	$x(0)$	0m			

						续表
序号	不确定参数	取值	序号	不确定参数	取值	
1	Δ_{m_x}	30%	5	Δ_T	5%	
2	Δ_{m_y}	30%	6	Δ_{J_x}	20%	
3	Δ_{m_z}	30%	7	Δ_{J_y}	20%	
4	Δ_ρ	5%	8	Δ_{J_z}	20%	

2. 仿真结果

1) 质心运动

在极限拉偏情形 I 下，高超声速飞行器在爬升段的质心运动状态变化曲线如图 6.26～图 6.35 所示。

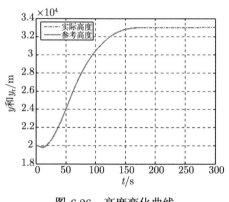

图 6.26 高度变化曲线

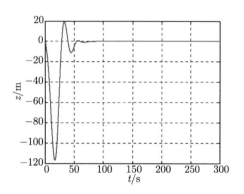

图 6.27 侧向位置变化曲线

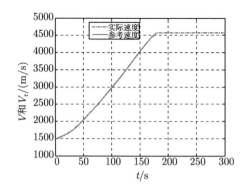

图 6.28 速度变化曲线

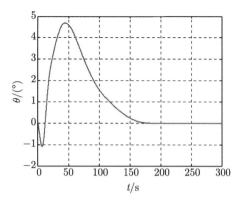

图 6.29 弹道倾角变化曲线

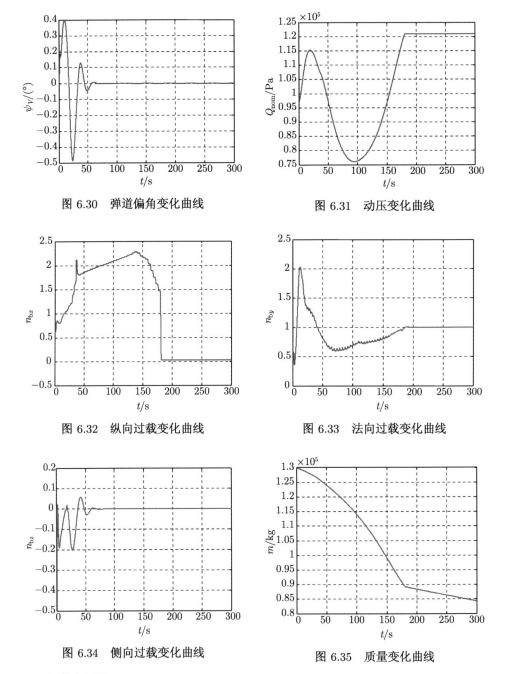

图 6.30　弹道偏角变化曲线

图 6.31　动压变化曲线

图 6.32　纵向过载变化曲线

图 6.33　法向过载变化曲线

图 6.34　侧向过载变化曲线

图 6.35　质量变化曲线

2) 姿态运动

在极限拉偏情形 I 下, 高超声速飞行器在爬升段的姿态变化曲线如图 6.36～图 6.43 所示。

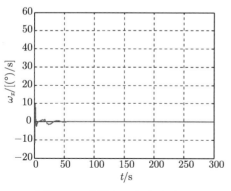

图 6.36　滚转角速率变化曲线

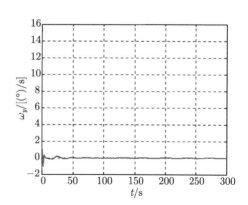

图 6.37　偏航角速率变化曲线

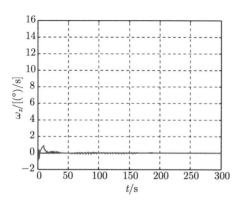

图 6.38　俯仰角速率变化曲线

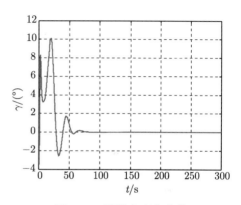

图 6.39　滚转角变化曲线

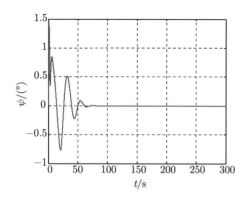

图 6.40　偏航角变化曲线

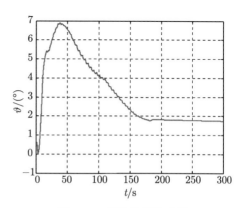

图 6.41　俯仰角变化曲线

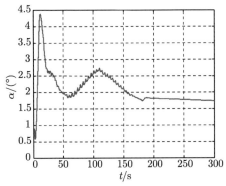

图 6.42　攻角变化曲线

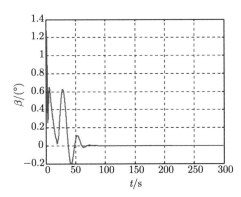

图 6.43　侧滑角变化曲线

3) 控制量

在极限拉偏情形 I 下,高超声速飞行器在爬升段的控制量变化曲线如图 6.44~
图 6.47 所示。

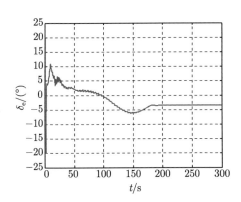

图 6.44　左升降舵偏角变化曲线

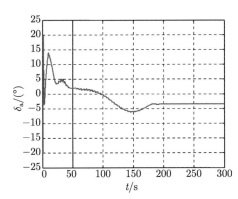

图 6.45　右升降舵偏角变化曲线

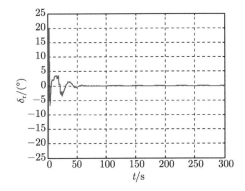

图 6.46　方向舵偏角变化曲线

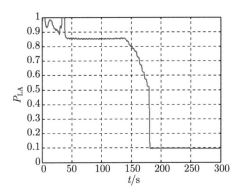

图 6.47　燃油阀门开度变化曲线

6.3.3 极限拉偏情形 II

1. 仿真条件

对于极限拉偏情形 II, 飞行器爬升的初始条件和不确定参数偏差设置如表 6.9 所示。

表 6.9 爬升段极限拉偏情形 II 的仿真条件设置

序号	初值参数	取值	序号	不确定参数	取值
1	$V(0)$	1475.3m/s	1	Δ_{m_x}	−30%
2	$\theta(0)$	0°	2	Δ_{m_y}	−30%
3	$\psi_V(0)$	0°	3	Δ_{m_z}	−30%
4	$\omega_x(0)$	−50°/s	4	Δ_ρ	−5%
5	$\omega_y(0)$	−15°/s	5	Δ_T	−5%
6	$\omega_z(0)$	−15°/s	6	Δ_{J_x}	−20%
7	$x(0)$	0m	7	Δ_{J_y}	−20%
8	$y(0)$	20000m	8	Δ_{J_z}	−20%
9	$z(0)$	0m			
10	$\gamma(0)$	0°			
11	$\vartheta(0)$	0°			
12	$\psi(0)$	0°			
13	$m(0)$	130000kg			

2. 仿真结果

1) 质心运动

在极限拉偏情形 II 下, 高超声速飞行器在爬升段的质心运动状态变化曲线如图 6.48~图 6.57 所示。

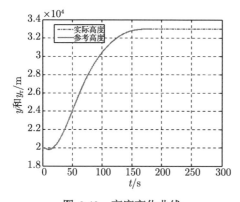

图 6.48 高度变化曲线

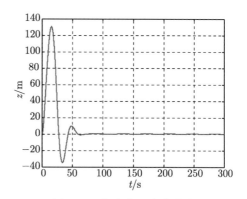

图 6.49 侧向位置变化曲线

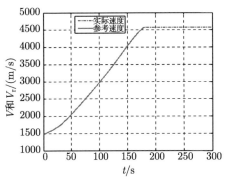

图 6.50　速度变化曲线

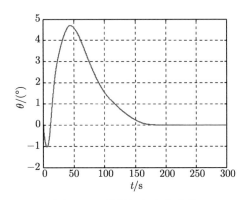

图 6.51　弹道倾角变化曲线

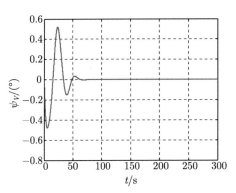

图 6.52　弹道偏角变化曲线

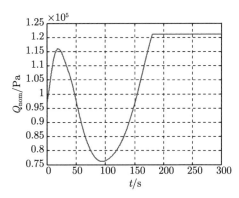

图 6.53　动压变化曲线

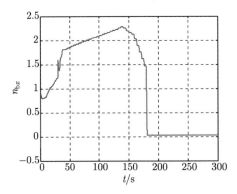

图 6.54　纵向过载变化曲线

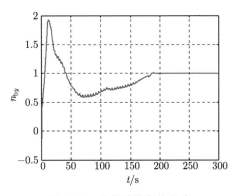

图 6.55　法向过载变化曲线

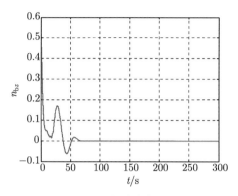

图 6.56 侧向过载变化曲线

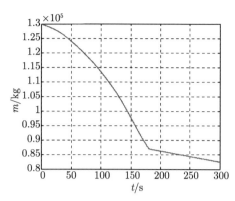

图 6.57 质量变化曲线

2) 姿态运动

在极限拉偏情形 II 下，高超声速飞行器在爬升段的姿态变化曲线如图 6.58~图 6.65 所示。

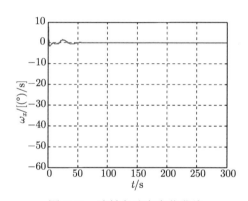

图 6.58 滚转角速率变化曲线

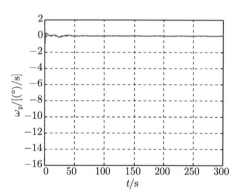

图 6.59 偏航角速率变化曲线

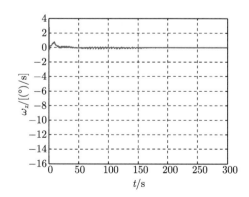

图 6.60 俯仰角速率变化曲线

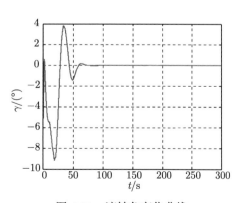

图 6.61 滚转角变化曲线

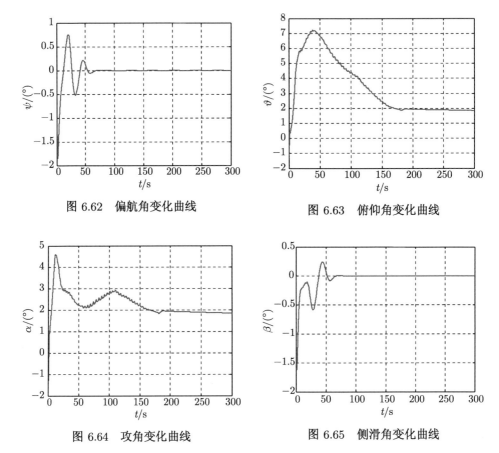

图 6.62　偏航角变化曲线

图 6.63　俯仰角变化曲线

图 6.64　攻角变化曲线

图 6.65　侧滑角变化曲线

3) 控制量

在极限拉偏情形 II 下, 高超声速飞行器在爬升段的控制量变化曲线如图 6.66~
图 6.69 所示。

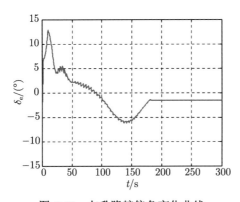

图 6.66　左升降舵偏角变化曲线

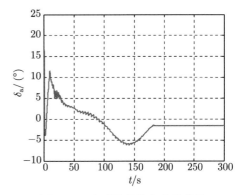

图 6.67　右升降舵偏角变化曲线

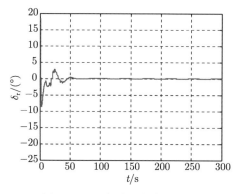

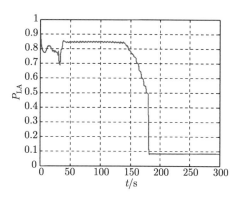

图 6.68 方向舵偏角变化曲线   图 6.69 燃油阀门开度变化曲线

6.3.4 爬升段仿真结果分析

从仿真结果可以看出，所设计的控制器可以保证高超声速飞行器在爬升段：

(1) 稳定飞行，姿态平稳变化；

(2) 实现对于高度和速度参考信号的良好跟踪；

(3) 攻角、侧滑角、动压以及过载等典型状态都保持在限定范围之内；

(4) 各个控制量都在可行范围之内，并且变化较为平稳，满足工程实际需求。

此外，在参数发生较大的摄动情况下，上述结论仍然能够成立。这说明所设计的控制器具有较强的稳定性和性能的鲁棒性。

6.4 巡航段仿真

对于巡航段的仿真测试，将使飞行器实现基本的等高等速巡航与无动力飞行，以及三种机动飞行，包括等速变高飞行、等高变速飞行以及侧向转弯机动飞行。

6.4.1 巡航与无动力飞行

对于等高等速巡航与无动力减速飞行仿真测试，将首先使飞行器在 33km 高度处以 15 马赫的速度等高等速飞行，当发动机燃油耗尽后，仍然维持在原高度附近进行减速飞行直至速度降至约 8 马赫。

1. 仿真条件

对于等高等速巡航与无动力减速飞行仿真测试，飞行器的初始条件和不确定参数偏差设置如表 6.10 所示。

表 6.10　巡航段的仿真条件设置

序号	初值参数	取值	序号	不确定参数	取值
1	$V(0)$	4570.0m/s	1	Δ_{m_x}	-30%
2	$\theta(0)$	$0°$	2	Δ_{m_y}	-30%
3	$\psi_V(0)$	$0°$	3	Δ_{m_z}	-30%
4	$\omega_x(0)$	$-30°/s$	4	Δ_ρ	-5%
5	$\omega_y(0)$	$-10°/s$	5	Δ_T	-5%
6	$\omega_z(0)$	$-15°/s$	6	Δ_{J_x}	-20%
7	$x(0)$	0m	7	Δ_{J_y}	-20%
8	$y(0)$	33000m	8	Δ_{J_z}	-20%
9	$z(0)$	0m			
10	$\gamma(0)$	$0°$			
11	$\vartheta(0)$	$1.9°$			
12	$\psi(0)$	$0°$			
13	$m(0)$	86000kg			

2. 仿真结果

1) 质心运动

在等高等速巡航与无动力减速飞行情形下，高超声速飞行器在巡航段的质心运动状态变化曲线如图 6.70~图 6.79 所示。

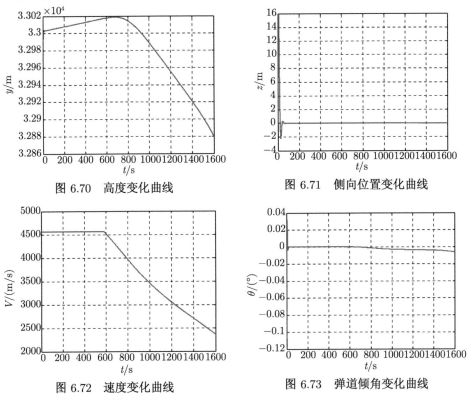

图 6.70　高度变化曲线

图 6.71　侧向位置变化曲线

图 6.72　速度变化曲线

图 6.73　弹道倾角变化曲线

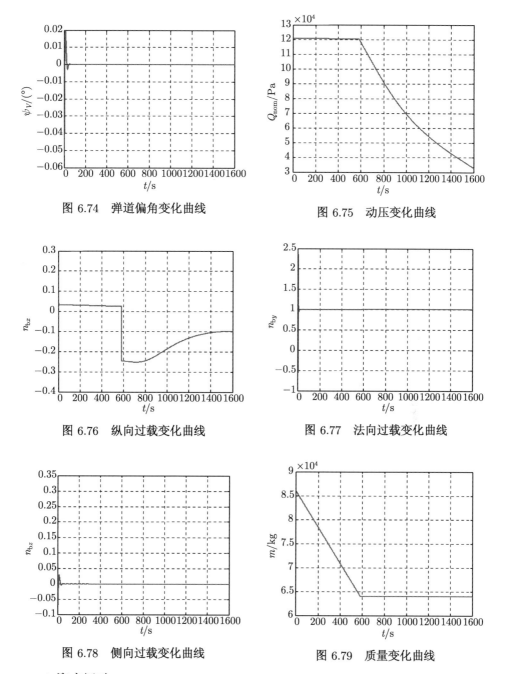

图 6.74 弹道偏角变化曲线

图 6.75 动压变化曲线

图 6.76 纵向过载变化曲线

图 6.77 法向过载变化曲线

图 6.78 侧向过载变化曲线

图 6.79 质量变化曲线

2) 姿态运动

在等高等速巡航与无动力减速飞行情形下，高超声速飞行器的姿态变化曲线如图 6.80~图 6.87 所示。

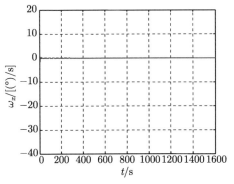

图 6.80 滚转角速率变化曲线

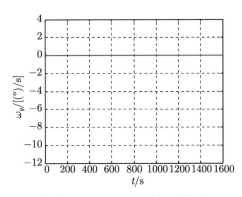

图 6.81 偏航角速率变化曲线

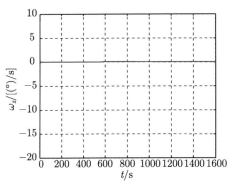

图 6.82 俯仰角速率变化曲线

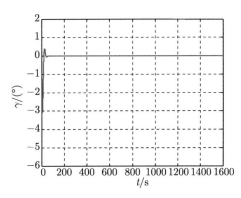

图 6.83 滚转角变化曲线

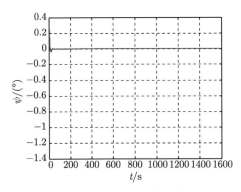

图 6.84 偏航角变化曲线

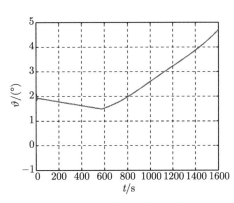

图 6.85 俯仰角变化曲线

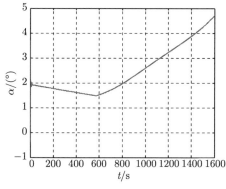

图 6.86 攻角变化曲线   图 6.87 侧滑角变化曲线

3) 控制量

在等高等速巡航与无动力减速飞行情形下，高超声速飞行器在巡航段的控制量变化曲线如图 6.88~图 6.91 所示。

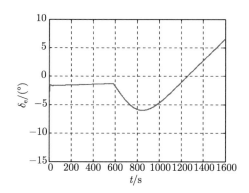

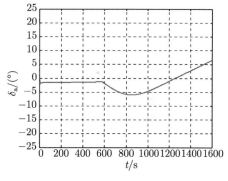

图 6.88 左升降舵偏角变化曲线   图 6.89 右升降舵偏角变化曲线

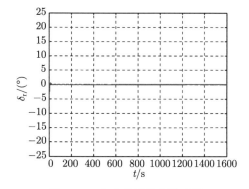

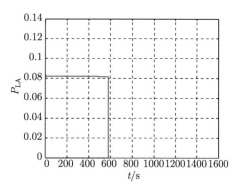

图 6.90 方向舵偏角变化曲线   图 6.91 燃油阀门开度变化曲线

6.4.2 等速变高机动飞行

对于等速变高机动飞行仿真测试，将使飞行器从 25s 处开始，在 50s 内从 33km 爬升到 33.5km，在此高度飞行 50s 后，从 125s 处开始，再在 50s 内下降到 33km，并在此高度飞行。在整个过程中，飞行器的速度将保持在 15 马赫。

1. 仿真条件

根据任务要求，高度程序信号 y_r 设置如下：

$$y_r = \begin{cases} 33000, & t \leqslant 25\text{s} \\ 33000 + 250\left(1 + \sin\left(\dfrac{(t-50)\pi}{50}\right)\right), & 25\text{s} < t \leqslant 75\text{s} \\ 33500, & 75\text{s} < t \leqslant 125\text{s} \\ 33500 - 250\left(1 + \sin\left(\dfrac{(t-150)\pi}{50}\right)\right), & 125\text{s} < t \leqslant 175\text{s} \\ 33000, & t > 175\text{s} \end{cases}$$

对于等速变高机动飞行仿真测试，飞行器的初始条件和不确定参数偏差设置如表 6.10 所示。

2. 仿真结果

1) 质心运动

在等速变高机动飞行情形下，高超声速飞行器在巡航段的质心运动状态变化曲线如图 6.92～图 6.101 所示。

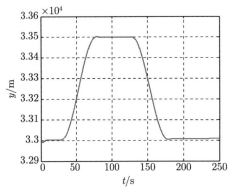

图 6.92 高度变化曲线

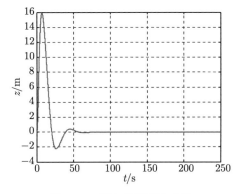

图 6.93 侧向位置变化曲线

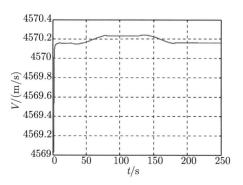

图 6.94 速度变化曲线

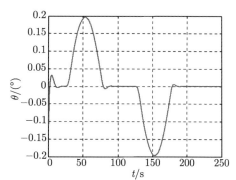

图 6.95 弹道倾角变化曲线

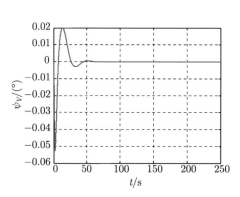

图 6.96 弹道偏角变化曲线

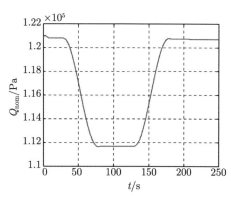

图 6.97 动压变化曲线

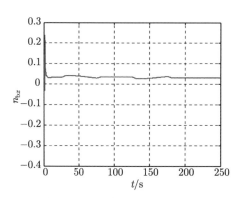

图 6.98 纵向过载变化曲线

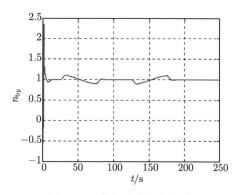

图 6.99 法向过载变化曲线

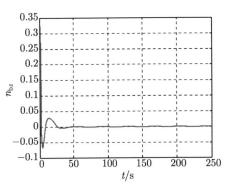

图 6.100　侧向过载变化曲线

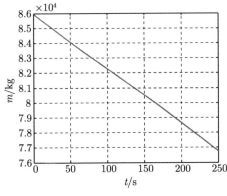

图 6.101　质量变化曲线

2) 姿态运动

在等速变高机动飞行情形下,高超声速飞行器在巡航段的姿态变化曲线如图 6.102~图 6.109 所示。

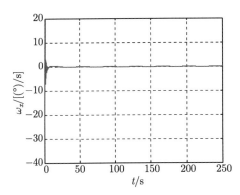

图 6.102　滚转角速率变化曲线

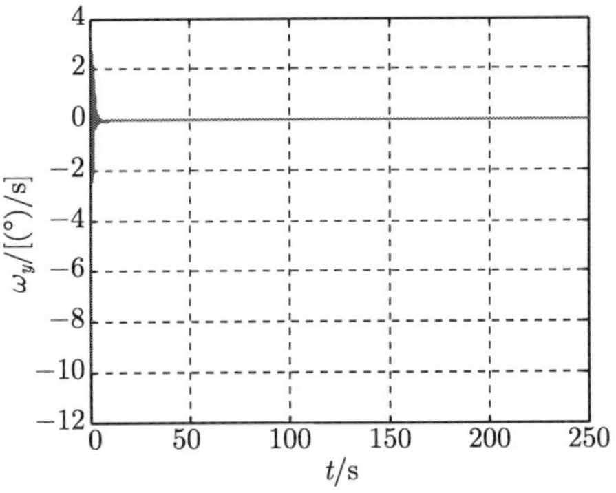

图 6.103　偏航角速率变化曲线

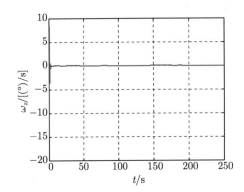

图 6.104　俯仰角速率变化曲线

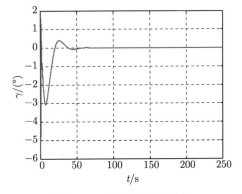

图 6.105　滚转角变化曲线

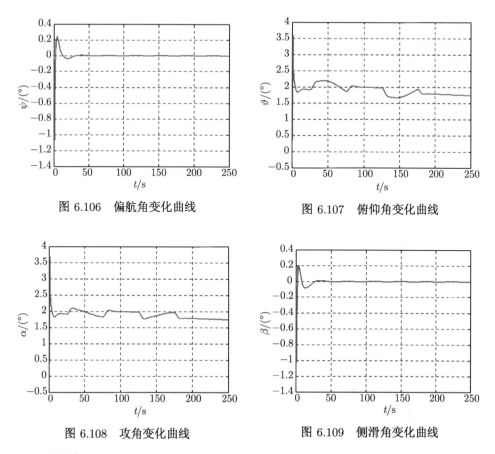

图 6.106　偏航角变化曲线

图 6.107　俯仰角变化曲线

图 6.108　攻角变化曲线

图 6.109　侧滑角变化曲线

3) 控制量

在等速变高机动飞行情形下，高超声速飞行器在巡航段的控制量变化曲线如图 6.110~图 6.113 所示。

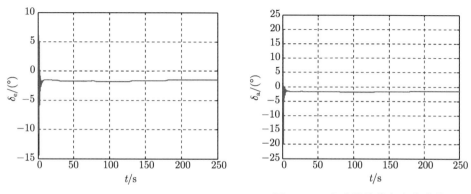

图 6.110　左升降舵偏角变化曲线

图 6.111　右升降舵偏角变化曲线

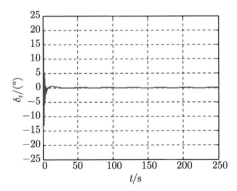

图 6.112　方向舵偏角变化曲线

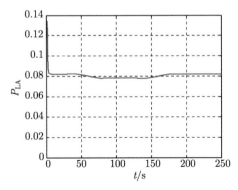

图 6.113　燃油阀门开度变化曲线

6.4.3　等高变速机动飞行

对于等高变速机动飞行仿真测试，将使飞行器从 50s 处开始，在 50s 内从 4570m/s 加速到 4670m/s，在此速度飞行 20s 后，从 120s 处开始，再在 50s 内减速到 4570m/s。在整个过程中，飞行器的高度将保持在 33km。

1. 仿真条件

根据上述任务，速度程序信号 V_r 设置如下：

$$V_r = \begin{cases} 4570, & t \leqslant 50\mathrm{s} \\ 4570 + 2\,(t - 50), & 50\mathrm{s} < t \leqslant 100\mathrm{s} \\ 4670, & 100\mathrm{s} < t \leqslant 120\mathrm{s} \\ 4670 - 2\,(t - 120), & 120\mathrm{s} < t \leqslant 170\mathrm{s} \\ 4570, & t > 170\mathrm{s} \end{cases}$$

对于等高变速机动飞行仿真测试，飞行器的初始条件和不确定参数偏差设置如表 6.10 所示。

2. 仿真结果

1) 质心运动

在等高变速机动飞行情形下，高超声速飞行器在巡航段的质心运动状态变化曲线如图 6.114～图 6.123 所示。

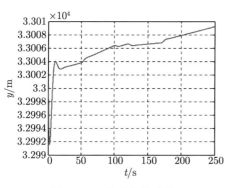

图 6.114　高度变化曲线

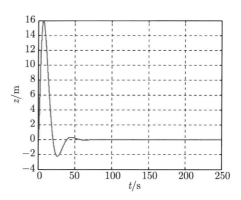

图 6.115　侧向位置变化曲线

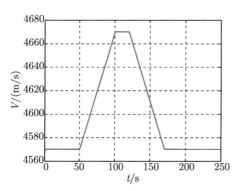

图 6.116　速度变化曲线

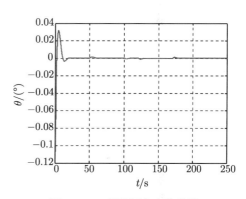

图 6.117　弹道倾角变化曲线

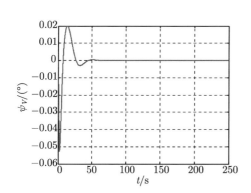

图 6.118　弹道偏角变化曲线

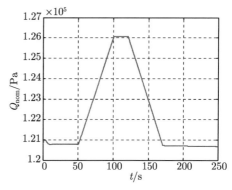

图 6.119　动压变化曲线

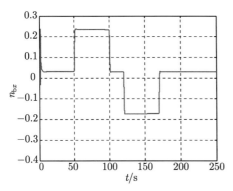

图 6.120　纵向过载变化曲线

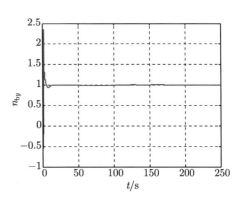

图 6.121　法向过载变化曲线

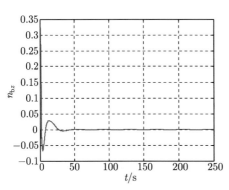

图 6.122　侧向过载变化曲线

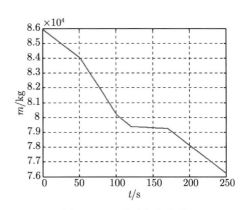

图 6.123　质量变化曲线

2) 姿态运动

在等高变速机动飞行情形下, 高超声速飞行器在巡航段的姿态变化曲线如图 6.124~ 图 6.131 所示。

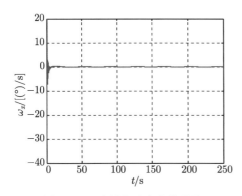

图 6.124　滚转角速率变化曲线

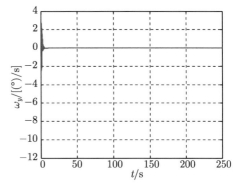

图 6.125　偏航角速率变化曲线

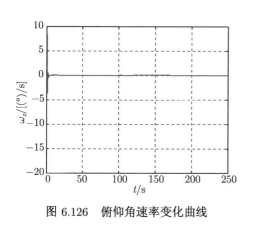

图 6.126 俯仰角速率变化曲线

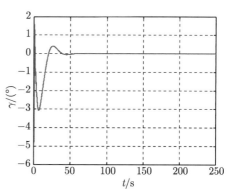

图 6.127 滚转角变化曲线

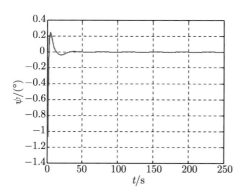

图 6.128 偏航角变化曲线

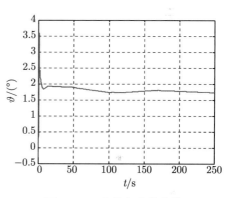

图 6.129 俯仰角变化曲线

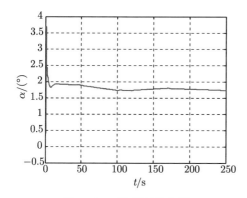

图 6.130 攻角变化曲线

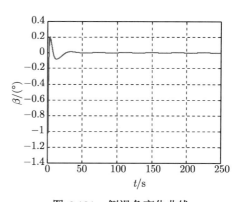

图 6.131 侧滑角变化曲线

3) 控制量

在等高变速机动飞行情形下，高超声速飞行器在巡航段的控制量变化曲线如图 6.132~图 6.135 所示。

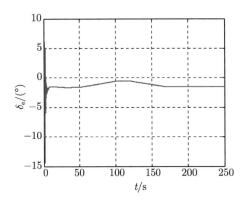

图 6.132　左升降舵偏角变化曲线

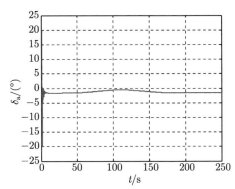

图 6.133　右升降舵偏角变化曲线

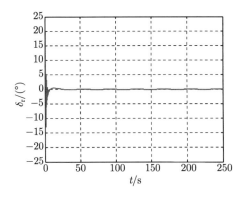

图 6.134　方向舵偏角变化曲线

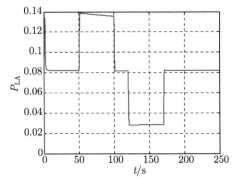

图 6.135　燃油阀门开度变化曲线

6.4.4　侧向转弯机动飞行

对于侧向转弯机动飞行仿真测试，将使飞行器的侧向位置从 25s 处开始，在 50s 内从 0km 机动到 1km，50s 后，即从 125s 处开始，再在 50s 内机动回到 0km。在整个过程中，飞行器的高度和速度将保持恒定。

1. 仿真条件

根据上述任务，侧向位置程序信号 z_r 设置如下：

$$z_{\mathrm{r}}=\begin{cases} 0, & t \leqslant 25\mathrm{s} \\ 500\left(1+\sin\left(\dfrac{(t-50)\,\pi}{50}\right)\right), & 25\mathrm{s} < t \leqslant 75\mathrm{s} \\ 1000, & 75\mathrm{s} < t \leqslant 125\mathrm{s} \\ 1000-500\left(1+\sin\left(\dfrac{(t-150)\,\pi}{50}\right)\right), & 125\mathrm{s} < t \leqslant 175\mathrm{s} \\ 0, & t > 175\mathrm{s} \end{cases}$$

对于侧向转弯机动飞行仿真测试，飞行器的初始条件和不确定参数偏差设置如表 6.10 所示。

2. 仿真结果

1) 质心运动

在侧向转弯机动飞行情形下，高超声速飞行器的质心运动状态变化曲线如图 6.136~图 6.145 所示。

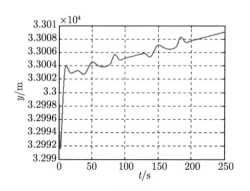

图 6.136 高度变化曲线

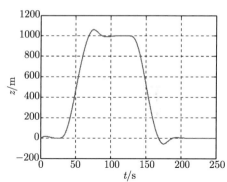

图 6.137 侧向位置变化曲线

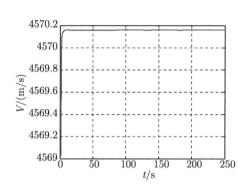

图 6.138 速度变化曲线

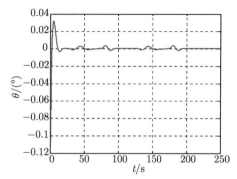

图 6.139 弹道倾角变化曲线

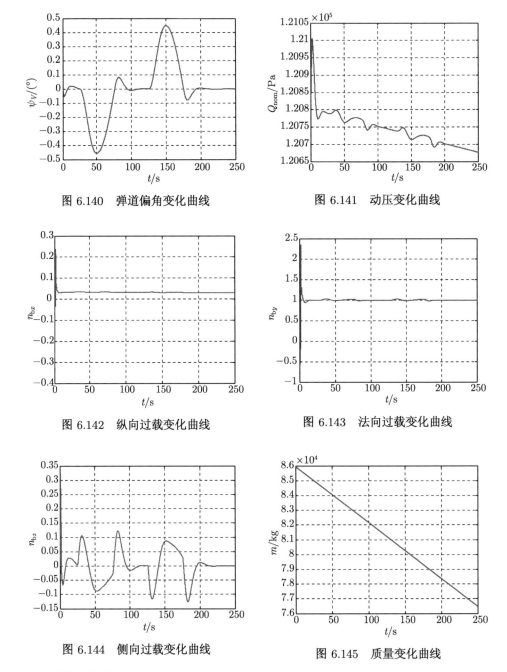

图 6.140　弹道偏角变化曲线　　　　　　　图 6.141　动压变化曲线

图 6.142　纵向过载变化曲线　　　　　　　图 6.143　法向过载变化曲线

图 6.144　侧向过载变化曲线　　　　　　　图 6.145　质量变化曲线

2) 姿态运动

在侧向转弯机动飞行情形下，高超声速飞行器的姿态变化曲线如图 6.146~
图 6.153 所示。

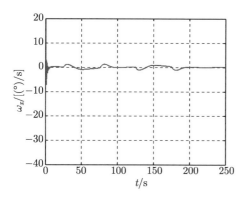

图 6.146 滚转角速率变化曲线

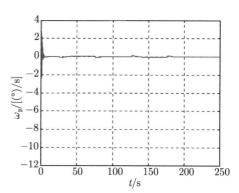

图 6.147 偏航角速率变化曲线

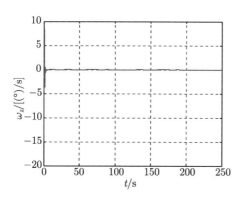

图 6.148 俯仰角速率变化曲线

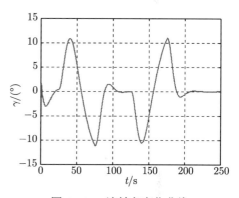

图 6.149 滚转角变化曲线

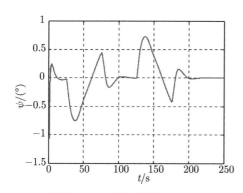

图 6.150 偏航角变化曲线

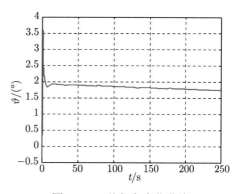

图 6.151 俯仰角变化曲线

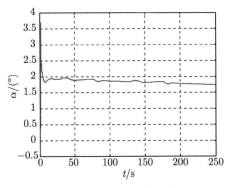

图 6.152　攻角变化曲线

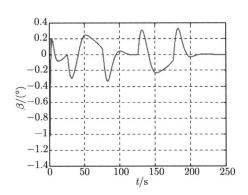

图 6.153　侧滑角变化曲线

3) 控制量

在侧向转弯机动飞行情形下，高超声速飞行器在巡航段的控制量变化曲线如图 6.154~图 6.157 所示。

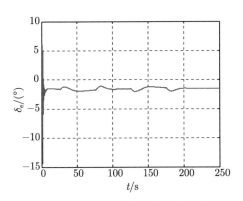

图 6.154　左升降舵偏角变化曲线

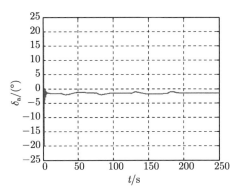

图 6.155　右升降舵偏角变化曲线

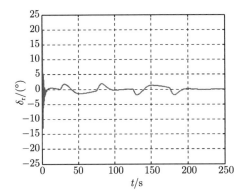

图 6.156　方向舵偏角变化曲线

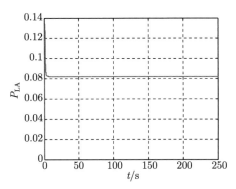

图 6.157　燃油阀门开度变化曲线

6.4.5 巡航段仿真结果分析

从仿真结果可以看出，所设计的控制器可以实现高超声速飞行器在巡航段：

(1) 稳定飞行，姿态平稳变化；

(2) 实现等高等速巡航与无动力减速飞行，以及等速变高、等高变速和侧向机动三种机动飞行任务；

(3) 攻角、侧滑角、动压和过载等典型状态都保持在限定范围之内；

(4) 各个控制量都在可行范围之内，并且变化较为平稳，满足工程实际需求。

由于上述仿真是在参数发生较大的摄动情况下进行的，这说明所设计的控制器具有较强的稳定性和性能的鲁棒性。

6.5 俯冲段仿真

对于俯冲段的仿真测试，将使飞行器稳定飞行，并实现对于地面目标的俯冲打击。

6.5.1 标称情形

1. 仿真条件

对于标称情形，飞行器俯冲的初始条件和不确定参数偏差设置如表 6.11 所示。目标在地面坐标系下的位置坐标设为 $(x_t, y_t, z_t) = (150, 0, 0)$km。

表 6.11 俯冲段标称情形下的仿真条件设置

序号	初值参数	取值	序号	不确定参数	取值
1	$V(0)$	2239.3m/s	1	Δ_{m_x}	0
2	$\theta(0)$	0°	2	Δ_{m_y}	0
3	$\psi_V(0)$	0°	3	Δ_{m_z}	0
4	$\omega_x(0)$	0°/s	4	Δ_ρ	0
5	$\omega_y(0)$	0°/s	5	Δ_T	0
6	$\omega_z(0)$	0°/s	6	Δ_{J_x}	0
7	$x(0)$	0m	7	Δ_{J_y}	0
8	$y(0)$	33000m	8	Δ_{J_z}	0
9	$z(0)$	0m			
10	$\gamma(0)$	0°			
11	$\vartheta(0)$	5°			
12	$\psi(0)$	0°			
13	$m(0)$	64000kg			

2. 仿真结果

1) 质心运动

在标称情形下, 高超声速飞行器在俯冲段的质心运动状态变化曲线如图 6.158～图 6.167 所示。

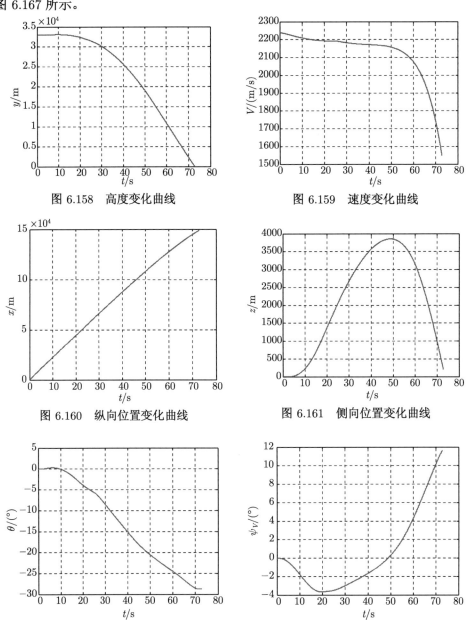

图 6.158　高度变化曲线　　　　　　图 6.159　速度变化曲线

图 6.160　纵向位置变化曲线　　　　图 6.161　侧向位置变化曲线

图 6.162　弹道倾角变化曲线　　　　图 6.163　弹道偏角变化曲线

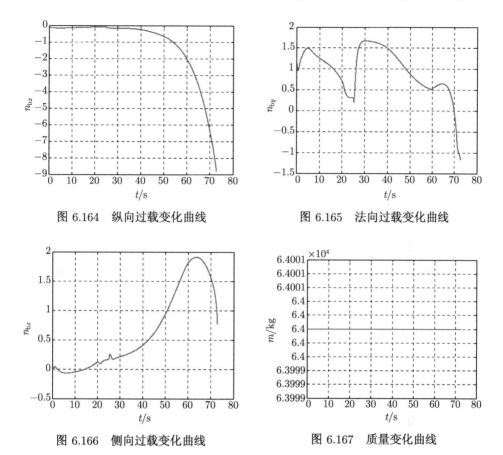

图 6.164　纵向过载变化曲线　　　　　图 6.165　法向过载变化曲线

图 6.166　侧向过载变化曲线　　　　　图 6.167　质量变化曲线

2) 姿态运动

在标称情形下，高超声速飞行器在俯冲段的姿态状态变化曲线如图 6.168~
图 6.175 所示。

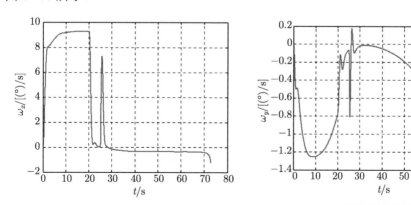

图 6.168　滚转角速率变化曲线　　　　　图 6.169　偏航角速率变化曲线

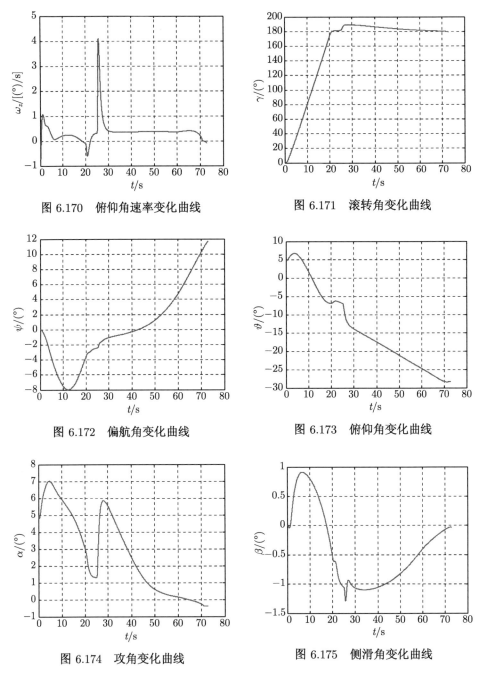

图 6.170　俯仰角速率变化曲线　　　　　　图 6.171　滚转角变化曲线

图 6.172　偏航角变化曲线　　　　　　　　图 6.173　俯仰角变化曲线

图 6.174　攻角变化曲线　　　　　　　　　图 6.175　侧滑角变化曲线

3) 控制量

在标称情形下，高超声速飞行器在俯冲段的控制量变化曲线如图 6.176~图 6.179 所示。

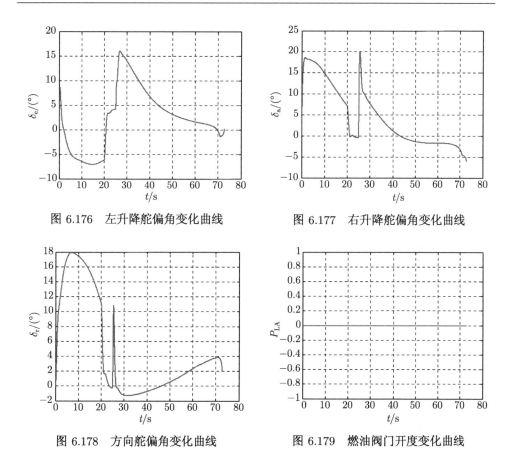

图 6.176　左升降舵偏角变化曲线　　　图 6.177　右升降舵偏角变化曲线

图 6.178　方向舵偏角变化曲线　　　图 6.179　燃油阀门开度变化曲线

6.5.2　极限拉偏情形 I

1. 仿真条件

对于极限拉偏情形 I，飞行器俯冲的初始条件和不确定参数偏差设置如表 6.12 所示。目标在地面坐标系下的位置坐标设为 $(x_t, y_t, z_t) = (150, 0, 0)$km。

表 6.12　俯冲段极限拉偏情形 I 的仿真条件设置

序号	初值参数	取值	序号	初值参数	取值
1	$V(0)$	2239.3m/s	8	$y(0)$	33000m
2	$\theta(0)$	0°	9	$z(0)$	0m
3	$\psi_V(0)$	0°	10	$\gamma(0)$	0°
4	$\omega_x(0)$	20°/s	11	$\vartheta(0)$	5°
5	$\omega_y(0)$	5°/s	12	$\psi(0)$	0°
6	$\omega_z(0)$	10°/s	13	$m(0)$	64000kg
7	$x(0)$	0m			

续表

序号	不确定参数	取值	序号	不确定参数	取值
1	Δ_{m_x}	30%	5	Δ_T	5%
2	Δ_{m_y}	30%	6	Δ_{J_x}	20%
3	Δ_{m_z}	30%	7	Δ_{J_y}	20%
4	Δ_ρ	5%	8	Δ_{J_z}	20%

2. 仿真结果

1) 质心运动

在极限拉偏情形 I 下，高超声速飞行器在俯冲段的质心运动状态变化曲线如图 6.180~图 6.189 所示。

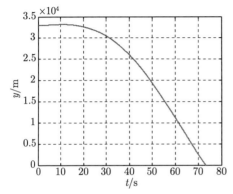

图 6.180　高度变化曲线

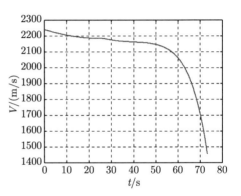

图 6.181　速度变化曲线

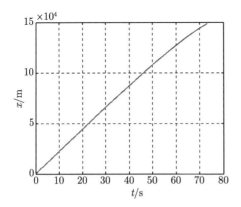

图 6.182　纵向位置变化曲线

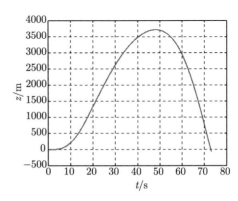

图 6.183　侧向位置变化曲线

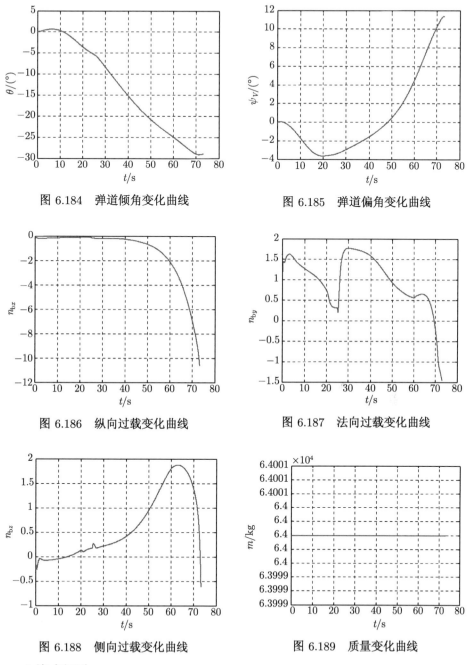

图 6.184 弹道倾角变化曲线

图 6.185 弹道偏角变化曲线

图 6.186 纵向过载变化曲线

图 6.187 法向过载变化曲线

图 6.188 侧向过载变化曲线

图 6.189 质量变化曲线

2) 姿态运动

在极限拉偏情形 I 下，高超声速飞行器在俯冲段的姿态变化曲线如图 6.190~
图 6.197 所示。

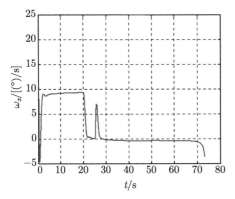

图 6.190　滚转角速率变化曲线

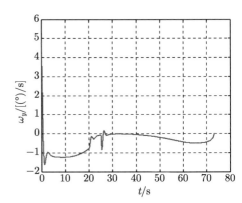

图 6.191　偏航角速率变化曲线

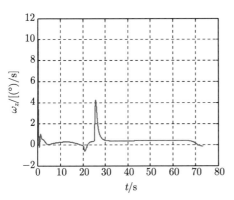

图 6.192　俯仰角速率变化曲线

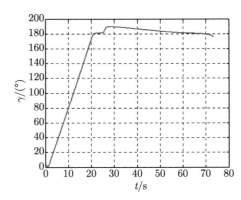

图 6.193　滚转角变化曲线

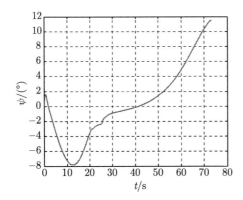

图 6.194　偏航角变化曲线

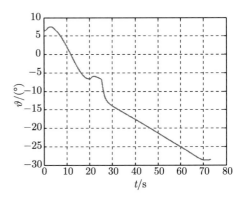

图 6.195　俯仰角变化曲线

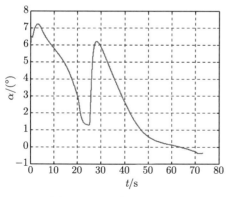

图 6.196 攻角变化曲线

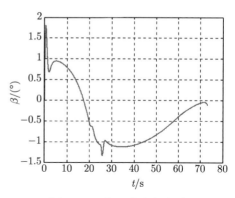

图 6.197 侧滑角变化曲线

3) 控制量

在极限拉偏情形 I 下，高超声速飞行器在俯冲段的质心运动状态变化曲线如图 6.198~图 6.201 所示。

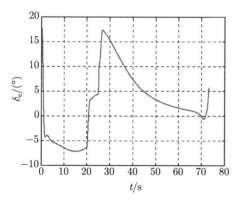

图 6.198 左升降舵偏角变化曲线

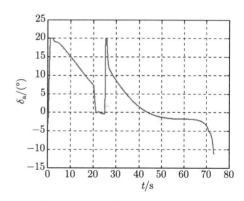

图 6.199 右升降舵偏角变化曲线

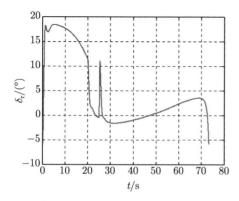

图 6.200 方向舵偏角变化曲线

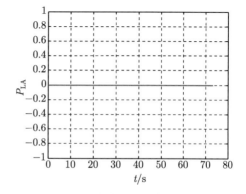

图 6.201 燃油阀门开度变化曲线

表 6.13 俯冲段极限拉偏情形 II 的仿真条件设置

序号	初值参数	取值	序号	不确定参数	取值
1	$V(0)$	2239.3m/s	1	Δ_{m_x}	-30%
2	$\theta(0)$	$0°$	2	Δ_{m_y}	-30%
3	$\psi_V(0)$	$0°$	3	Δ_{m_z}	-30%
4	$\omega_x(0)$	$-15°/s$	4	Δ_{ρ}	-5%
5	$\omega_y(0)$	$-5°/s$	5	Δ_T	-5%
6	$\omega_z(0)$	$-10°/s$	6	Δ_{J_x}	-20%
7	$x(0)$	0m	7	Δ_{J_y}	-20%
8	$y(0)$	33000m	8	Δ_{J_z}	-20%
9	$z(0)$	0m			
10	$\gamma(0)$	$0°$			
11	$\vartheta(0)$	$5°$			
12	$\psi(0)$	$0°$			
13	$m(0)$	64000kg			

6.5.3 极限拉偏情形 II

1. 仿真条件

对于极限拉偏情形 II，飞行器俯冲段的初始条件和不确定参数偏差设置如表 6.13 所示。目标在地面坐标系下的位置坐标设为 $(x_t, y_t, z_t) = (150, 0, 0)$ km。

2. 仿真结果

1) 质心运动

在极限拉偏情形 II 下，高超声速飞行器在俯冲段的质心运动状态变化曲线如图 6.202~图 6.211 所示。

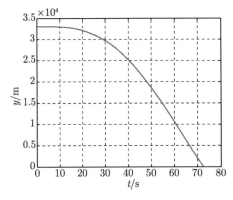

图 6.202 高度变化曲线

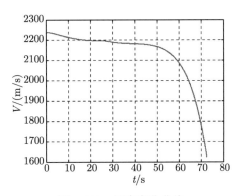

图 6.203 速度变化曲线

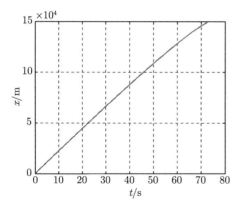

图 6.204 纵向位置变化曲线

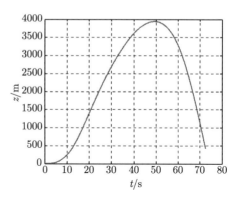

图 6.205 侧向位置变化曲线

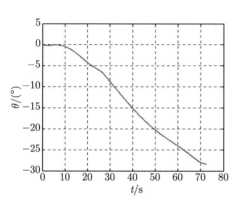

图 6.206 弹道倾角变化曲线

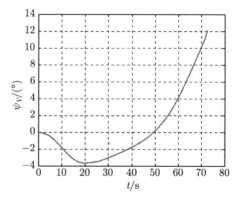

图 6.207 弹道偏角变化曲线

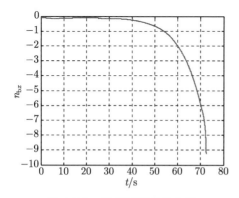

图 6.208 纵向过载变化曲线

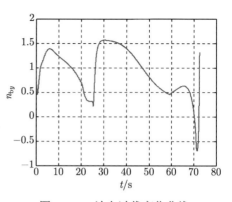

图 6.209 法向过载变化曲线

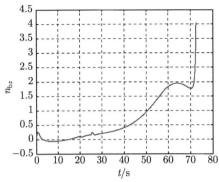

图 6.210　侧向过载变化曲线

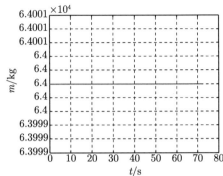

图 6.211　质量变化曲线

2) 姿态运动

在极限拉偏情形 II 下, 高超声速飞行器在俯冲段的姿态变化曲线如图 6.212~图 6.219 所示。

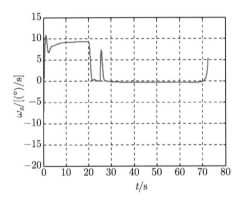

图 6.212　滚转角速率变化曲线

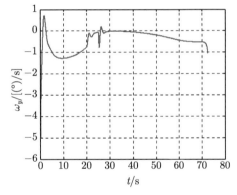

图 6.213　偏航角速率变化曲线

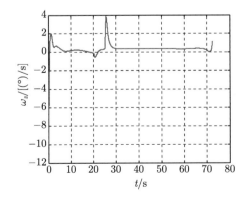

图 6.214　俯仰角速率变化曲线

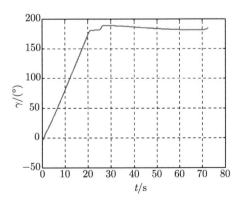

图 6.215　滚转角变化曲线

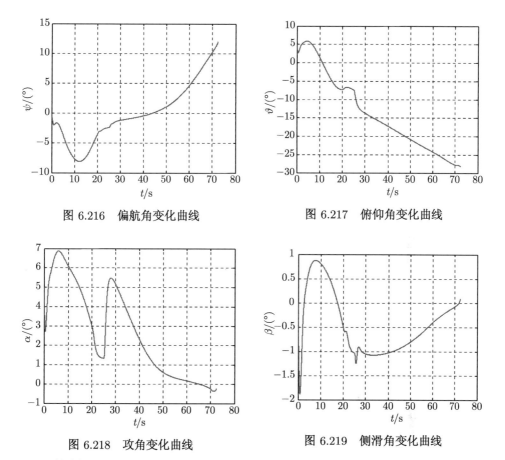

图 6.216 偏航角变化曲线

图 6.217 俯仰角变化曲线

图 6.218 攻角变化曲线

图 6.219 侧滑角变化曲线

3) 控制量

在极限拉偏情形 II 下,高超声速飞行器在俯冲段的控制量变化曲线如图 6.220~ 图 6.223 所示。

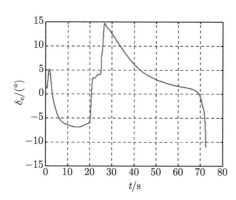

图 6.220 左升降舵偏角变化曲线

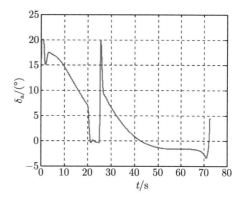

图 6.221 右升降舵偏角变化曲线

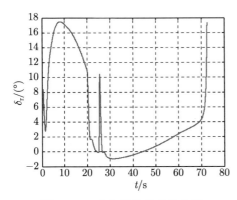

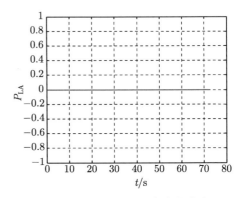

　　　　图 6.222　方向舵偏角变化曲线　　　　　　　图 6.223　燃油阀门开度变化曲线

6.5.4　俯冲段仿真结果分析

　　从仿真结果可以看出，所设计的控制器可以保证高超声速飞行器在俯冲段:

　　(1) 稳定飞行，姿态平稳变化;

　　(2) 较准确地实现对于地面固定目标的打击 (实际上，通过调节制导律可以获得更好的打击精度);

　　(3) 攻角、侧滑角以及过载等典型状态都保持在限定范围之内;

　　(4) 各个控制量都在可行范围之内，并且变化较为平稳，满足工程实际需求。

　　此外，在参数发生较大的摄动情况下，上述结论仍然能够成立。这说明所设计的控制器具有较强的稳定性和性能的鲁棒性。

6.6　注　记

　　本章分别针对高超声速飞行器的爬升段、巡航段和俯冲段进行了制导与控制系统的六自由度非线性数值仿真。在此基础上，可以非常容易地实现高超声速飞行器爬升、巡航和俯冲全程的六自由度非线性数值仿真，因此这里没有进行赘述。在与本书的配套程序包中给出了详细的仿真程序，对此感兴趣的读者可以自己动手完成这一任务。

参 考 文 献

[1] 段广仁, 梁晓玲, 侯明哲, 等. 一种用于高超声速飞行器考核的仿真测试平台及控制方法: 中国, ZL201410443071.9. 2017-04-12.

[2] 钱杏芳, 林锐雄, 赵亚男. 导弹飞行力学. 北京: 北京理工大学出版社, 2000.

第7章 总　　结

高超声速飞行器控制技术是近年来控制领域的研究热点。结合几类典型的高超声速飞行器模型，各种常见的控制方法都被尝试应用于飞行器的控制系统设计。正如控制领域著名学者 Landau 在他的著作《论自适应控制》开头引用的那句名言所说，简单的东西总是好的，烦琐的东西是不能用的。作为面向实际对象的控制方法，一方面必须要紧密结合实际对象的特点开展研究，另一方面在形式上要尽可能简单，才具有工程实用性。鲁棒参数化控制方法正是一种形式简单的控制方法。

本书针对高超声速飞行器 Winged-Cone 模型，结合具体的弹道特性与需求，利用增益协调鲁棒参数化控制方法系统地研究了其控制系统的建模、设计与仿真问题，并给出了控制器设计的具体步骤与操作细节。所展示的控制设计过程不仅适用于高超声速飞行器，而且对于其他研究对象亦有参考价值。

作为全书的总结，结合高超声速飞行器控制算法设计的实践，简要归纳增益协调鲁棒参数化控制方法的优越性与局限性，为后续研究提供参考。

7.1　增益协调鲁棒参数化控制方法的优越性

增益协调鲁棒参数化控制方法是在控制系统设计的鲁棒参数化方法基础上发展起来的。参数化控制方法在 Sylvester 方程的完全参数化解的基础上建立了使得闭环系统相似于某指定系统的反馈控制律的完全参数化表达，并严格证明了自由度的完备性。作为一种简洁、方便、可靠的控制设计方法，参数化控制方法提供了控制系统设计的全部自由度，因而在实际应用中，可以通过优化这些自由参数来使系统满足各种希望的性能，并使得各种性能得到综合优化。

通过对高超声速飞行器增益协调鲁棒参数化控制方法的研究，发现该方法具有如下两个方面的明显优点。

1. 鲁棒性强

增益协调鲁棒参数化控制器的鲁棒性强主要体现在如下两个方面。

(1) 对于爬升段和巡航段以及俯冲段，飞行器速度和高度均发生了显著变化，例如，爬升段和巡航段的速度从 5 马赫变化到 15 马赫，同时高度从 20km 上升到 33km，而俯冲段的速度从约 8 马赫变化到约 4 马赫，同时高度从 33km 下降到 0km，但是在每一段本书只用了一个定常的控制器，便可以保证飞行器稳定飞行，并实现既定的飞行任务。

（2）当飞行器控制系统中的气动等参数发生较大 (30%) 摄动时，所设计的定常控制器仍然能够保证飞行器稳定飞行，并实现既定的飞行任务。

所设计的增益协调鲁棒参数化控制器具有强鲁棒性的原因在于，本书建立了满足控制系统稳定性的所有控制律的完全参数化表示，同时将鲁棒性作为控制系统设计的主要性能指标，并将其与控制器的自由参数相关联，然后通过优化选择控制器中的自由参数来使得控制系统的综合性能达到最佳，从而尽可能提高闭环控制系统的鲁棒性。

2. 简单实用

对于爬升段和巡航段以及俯冲段的控制器设计均采用了模型参考输出跟踪的鲁棒参数化设计思想。控制器的形式非常简单

$$u = Kx + Gx_m$$

其中，K 为状态反馈控制器，主要保证飞行器控制系统的稳定性；G 为前馈跟踪控制器，主要实现对于给定指令信号的跟踪。

通过深入分析高超声速飞行器各飞行阶段的对象特性与任务要求，优化选择控制律中的自由参数，分别得到了爬升段和巡航段以及俯冲段的鲁棒控制器。所得到的两个定常控制器能分别实现飞行器爬升段和巡航段以及俯冲段的控制目标，并且对于飞行器的气动参数以及结构参数摄动等具有良好的稳定性和性能的鲁棒性。对于全程飞行，亦可以采用经典的增益协调策略非常方便地构造全局控制器。这充分说明了该方法是简单实用的。

7.2 增益协调鲁棒参数化控制方法的局限性

通过对高超声速飞行器增益协调鲁棒参数化控制方法的研究，发现该方法目前还存在一些值得改进的地方。其中，最主要的问题是自由参数的优化求解问题。在建立了控制律的完全参数化表达以及性能指标的参数化表达之后，需要求解一个优化问题，才能得到优化的自由参数和相应的控制器。但是一般来说，该优化问题是一个非常复杂的非线性规划问题，因而其全局最优解的存在性和唯一性没有明确的结论，同时如何求解全局最优解也没有十分有效的手段。

另外需要指出的是，就本书所采用的高超声速飞行器模型而言，使用增益协调鲁棒参数化控制方法能够较好地解决其飞行控制问题。所设计的控制器结构简单，鲁棒性强，实现方便且运算速度快。在后续的研究中，可以在运算时间允许的情况下适当增加设计特征点的个数，从而进一步提高控制系统的性能。

总体来说, 增益协调鲁棒参数化控制方法是一种形式简洁、实现方便、鲁棒性强、可靠性高的控制设计方法, 在飞行器以及其他对象的控制系统设计中具有广阔的应用前景。

附　　录

附录Ⅰ　高超声速飞行器结构参数

高超声速飞行器的基本结构参数如附表 1 所示。

附表 1　高超声速飞行器的基本结构参数

序号	参数名称	参数符号	数值	单位
1	满载质量	m_f	136080	kg
2	空载质量	m_e	63504	kg
3	x 轴满载转动惯量	$J_{x\text{f}}$	1355818	$\text{kg} \cdot \text{m}^2$
4	y 轴满载转动惯量	$J_{y\text{f}}$	13558180	$\text{kg} \cdot \text{m}^2$
5	z 轴满载转动惯量	$J_{z\text{f}}$	13558180	$\text{kg} \cdot \text{m}^2$
6	x 轴空载转动惯量	$J_{x\text{e}}$	632715	$\text{kg} \cdot \text{m}^2$
7	y 轴空载转动惯量	$J_{y\text{e}}$	6327151	$\text{kg} \cdot \text{m}^2$
8	z 轴空载转动惯量	$J_{z\text{e}}$	6327151	$\text{kg} \cdot \text{m}^2$
9	参考面积	S	334.73	m^2
10	纵向参考长度	c	24.384	m
11	侧向参考长度	b	18.288	m

附录Ⅱ　高超声速飞行器气动数据模型

高超声速飞行器 Winged-Cone 的气动数据模型给出了其气动力和气动力矩系数 (包括升力系数 C_L，阻力系数 C_D，侧向力系数 C_N，滚转力矩系数 m_x，偏航力矩系数 m_y 和俯仰力矩系数 m_z) 与其相关飞行状态信息 (包括速度 V 或马赫数 M，攻角 α，侧滑角 β，姿态角速率 ω_x，ω_y，ω_z，左升降舵偏角 δ_e，右升降舵偏角 δ_a 以及方向舵偏角 δ_r) 之间的非线性函数关系。各气动力和气动力矩系数的表达式分别为

$$\begin{cases} C_{\mathrm{L}} = C_{\mathrm{L0}} + C_{\mathrm{L}\delta_{\mathrm{a}}} + C_{\mathrm{L}\delta_{\mathrm{e}}} \\ C_{\mathrm{D}} = C_{\mathrm{D0}} + C_{\mathrm{D}\delta_{\mathrm{a}}} + C_{\mathrm{D}\delta_{\mathrm{e}}} + C_{\mathrm{D}\delta_{\mathrm{r}}} \\ C_{\mathrm{N}} = C_{\mathrm{N}\beta}\beta + C_{\mathrm{N}\delta_{\mathrm{a}}} + C_{\mathrm{N}\delta_{\mathrm{e}}} + C_{\mathrm{N}\delta_{\mathrm{r}}} \\ m_x = m_{x\beta}\beta + m_{x\delta_{\mathrm{a}}} + m_{x\delta_{\mathrm{e}}} + m_{x\delta_{\mathrm{r}}} + m_{xx}\dfrac{\omega_x b}{2V} + m_{xy}\dfrac{\omega_y b}{2V} \\ m_y = m_{y\beta}\beta + m_{y\delta_{\mathrm{a}}} + m_{y\delta_{\mathrm{e}}} + m_{y\delta_{\mathrm{r}}} + m_{yx}\dfrac{\omega_x b}{2V} + m_{yy}\dfrac{\omega_y b}{2V} \\ m_z = m_{z0} + m_{z\delta_{\mathrm{a}}} + m_{z\delta_{\mathrm{e}}} + m_{z\delta_{\mathrm{r}}} + m_{zz}\dfrac{\omega_z c}{2V} \end{cases}$$

上述各式中等号右侧的每一项或者每一项的系数在不同飞行马赫数范围内具有不同的表达式。它们的详细表达式如下：

$$C_{\mathrm{L0}} = \begin{cases} 1.9920 \times 10^{-1} + 2.3402 \times 10^{-1} M + 3.8202 \times 10^{-2}\alpha \\ + (-2.4626) \times 10^{-3} M\alpha + (-6.4872) \times 10^{-1} M^2 + (-6.9523) \times 10^{-3}\alpha^2 \\ + 3.9121 \times 10^{-1} M^3 + 1.0295 \times 10^{-3}\alpha^3 + (-1.0521) \times 10^{-4} M^2\alpha^2 \\ + (-9.1356) \times 10^{-2} M^4 + (-5.7398) \times 10^{-5}\alpha^4 + 7.4089 \times 10^{-3} M^5 \\ + 1.0934 \times 10^{-6}\alpha^5 + 2.1241 \times 10^{-7} M^2\alpha^4 + 4.5735 \times 10^{-6} M^4\alpha^2 \\ + (-9.5825) \times 10^{-9} M^4\alpha^4, \quad 1.25 < M \leqslant 4.0 \\[2mm] -8.19 \times 10^{-2} + 4.70 \times 10^{-2} M + 1.86 \times 10^{-2}\alpha + (-4.73) \times 10^{-4} M\alpha \\ + (-9.19) \times 10^{-3} M^2 + (-1.52) \times 10^{-4}\alpha^2 + 7.74 \times 10^{-4} M^3 \\ + 4.08 \times 10^{-6}\alpha^3 + 5.99 \times 10^{-7} M^2\alpha^2 + (-2.93) \times 10^{-5} M^4 \\ + (-3.91) \times 10^{-7}\alpha^4 + 4.12 \times 10^{-7} M^5 + 1.30 \times 10^{-8}\alpha^5, \quad M > 4.0 \end{cases}$$

$$C_{\mathrm{L}\delta a} = \begin{cases} -3.3093 \times 10^{-5}\alpha\delta_{\mathrm{a}} + (-1.4287) \times 10^{-4} M\delta_{\mathrm{a}} + 6.1071 \times 10^{-4} M\alpha\delta_{\mathrm{a}} \\ + 2.7242 \times 10^{-4}\delta_{\mathrm{a}}^2 + (-6.3863) \times 10^{-6} M^2\delta_{\mathrm{a}}^2 + 3.4060 \times 10^{-7}\alpha^2\delta_{\mathrm{a}}^2 \\ + (-9.1890) \times 10^{-8} M^2\alpha^2\delta_{\mathrm{a}}^2 + 3.8067 \times 10^{-6}\delta_{\mathrm{a}}^3 + 2.3165 \times 10^{-11} M^3\alpha^3\delta_{\mathrm{a}}^3 \\ + 1.4092 \times 10^{-4}\alpha^3 + (-6.5093) \times 10^{-6} M^2\alpha^2 + (-1.0680) \times 10^{-3} M^4 \\ + (-2.1893) \times 10^{-5}\alpha^4 + 2.6056 \times 10^{-4} M^5 + 9.2099 \times 10^{-7}\alpha^5 \\ + (-3.7716) \times 10^{-7}\delta_{\mathrm{a}}^4 + 7.906 \times 10^{-14} M^4\alpha^4\delta_{\mathrm{a}}^4 + (-8.5345) \times 10^{-9}\delta_{\mathrm{a}}^5 \\ + (-2.5698) \times 10^{-17} M^5\alpha^5\delta_{\mathrm{a}}^5, \quad 1.25 < M \leqslant 4.0 \\[2mm] -1.45 \times 10^{-5} + 7.10 \times 10^{-6} M + 1.01 \times 10^{-4}\alpha \\ + (-4.14) \times 10^{-4}\delta_{\mathrm{a}} + (-3.51) \times 10^{-6}\alpha\delta_{\mathrm{a}} + 8.72 \times 10^{-6} M\delta_{\mathrm{a}} \\ + (1.70) \times 10^{-7} M\alpha\delta_{\mathrm{a}}, \quad M > 4.0 \end{cases}$$

$$C_{\mathrm{L}\delta e} = C_{\mathrm{L}\delta a}$$

$$C_{\mathrm{D0}} = \begin{cases} -8.2073 \times 10^{-2} + (-9.1273) \times 10^{-2} C_{\mathrm{L0}} + 2.1845 \times 10^{-1} M \\ +3.2202 \times 10^{-2} M C_{\mathrm{L0}} + (-1.3680) \times 10^{-1} M^2 + 1.6325 C_{\mathrm{L0}}^2 \\ +5.7526 \times 10^{-2} M^2 C_{\mathrm{L0}}^2 + 3.8791 \times 10^{-2} M^3 + (-1.1575) C_{\mathrm{L0}}^3 \\ + (-2.402) \times 10^{-1} M^3 C_{\mathrm{L0}}^3 + (-5.2527) \times 10^{-3} M^4 + (-8.5306) C_{\mathrm{L0}}^4 \\ +3.5543 \times 10^{-1} M^4 C_{\mathrm{L0}}^4 + 2.7435 \times 10^{-4} M^5 + 17.259 C_{\mathrm{L0}}^5 \\ + (-1.4983) \times 10^{-1} M^5 C_{\mathrm{L0}}^5, \quad 1.25 < M \leqslant 4.0 \\ \\ 8.7173 \times 10^{-2} + 3.179 \times 10^{-3} \alpha + (-3.307) \times 10^{-2} M + (-1.25) \times 10^{-4} M\alpha \\ +5.036 \times 10^{-3} M^2 + (-1.1) \times 10^{-3} \alpha^2 + 1.405 \times 10^{-7} M^2 \alpha^2 \\ + (-3.658) \times 10^{-4} M^3 + 3.175 \times 10^{-4} \alpha^3 + 1.274 \times 10^{-5} M^4 \\ + (-2.985) \times 10^{-5} \alpha^4 + (-1.705) \times 10^{-7} M^5 + 9.766 \times 10^{-7} \alpha^5, \quad M > 4.0 \end{cases}$$

$$C_{\mathrm{D}\delta a} = \begin{cases} -3.6923 \times 10^{-5} \alpha\delta_{\mathrm{a}} + 1.3641 \times 10^{-7} M\delta_{\mathrm{a}} + 5.1142 \times 10^{-6} M\alpha\delta_{\mathrm{a}} \\ +1.2125 \times 10^{-5} \delta_{\mathrm{a}}^2 + 3.5662 \times 10^{-9} M^2 \alpha^2 \delta_{\mathrm{a}}^2 + (-1.3848) \times 10^{-8} \alpha^2 \delta_{\mathrm{a}}^2 \\ -3.3763 \times 10^{-7} M^2 \delta_{\mathrm{a}}^2 + 3.9119 \times 10^{-8} \delta_{\mathrm{a}}^3 - 9.7714 \times 10^{-13} M^3 \alpha^3 \delta_{\mathrm{a}}^3 \\ +1.51 \times 10^{-5} M\alpha + (-4.7972) \times 10^{-7} M^2 \alpha^2 + (-4.6045) \times 10^{-8} \alpha^3 \\ +9.6475 \times 10^{-7} M^4 + 1.5015 \times 10^{-8} \alpha^4 + (-3.2682) \times 10^{-7} M^5 \\ + (-3.536) \times 10^{-10} \alpha^5 + 4.5137 \times 10^{-9} \delta_{\mathrm{a}}^4 + (-6.6207) \times 10^{-16} M^4 \alpha^4 \delta_{\mathrm{a}}^4 \\ + (-1.1538) \times 10^{-10} \delta_{\mathrm{a}}^5 + 4.1917 \times 10^{-19} M^5 \alpha^5 \delta_{\mathrm{a}}^5, \quad 1.25 < M \leqslant 4.0 \\ \\ 4.5548 \times 10^{-4} + (-1.1436) \times 10^{-4} M + 2.5411 \times 10^{-5} \alpha \\ + (-3.6417) \times 10^{-5} \delta_{\mathrm{a}} + (-5.3015) \times 10^{-7} M\alpha\delta_{\mathrm{a}} \\ +3.014 \times 10^{-6} M^2 + 3.2187 \times 10^{-6} \alpha^2 \\ +6.9629 \times 10^{-6} \delta_{\mathrm{a}}^2 + 2.1026 \times 10^{-12} M^2 \alpha^2 \delta_{\mathrm{a}}^2, \quad M > 4.0 \end{cases}$$

$$C_{\mathrm{D}\delta e} = C_{\mathrm{D}\delta a}$$

$$C_{\mathrm{D}\delta r} = \begin{cases} 2.6425 \times 10^{-21} \alpha\delta_{\mathrm{r}} + 1.8193 \times 10^{-20} M\delta_{\mathrm{r}} + 1.0319 \times 10^{-21} M\alpha\delta_{\mathrm{r}} \\ +8.7608 \times 10^{-6} \delta_{\mathrm{r}}^2 + (-2.8939) \times 10^{-8} \alpha^2 \delta_{\mathrm{r}}^2 + 5.4045 \times 10^{-10} M^2 \alpha^2 \delta_{\mathrm{r}}^2 \\ + (-2.9646) \times 10^{-7} M^2 \delta_{\mathrm{r}}^2 + (-8.8556) \times 10^{-22} \delta_{\mathrm{r}}^3 + 4.6754 \times 10^{-10} \delta_{\mathrm{r}}^4 \\ + (-9.8380) \times 10^{-6} M\alpha + 2.1842 \times 10^{-7} M^2 \alpha^2 + (-9.0067) \times 10^{-7} \alpha^3 \\ + (-5.2022) \times 10^{-27} M^3 \alpha^3 \delta_{\mathrm{r}}^3 + 1.3388 \times 10^{-6} M^4 + 1.6460 \times 10^{-7} \alpha^4 \\ +2.6560 \times 10^{-16} M^4 \alpha^4 \delta_{\mathrm{r}}^4 + (-2.5185) \times 10^{-7} M^5 + (-7.2766) \times 10^{-9} \alpha^5 \\ +5.4442 \times 10^{-33} M^5 \alpha^5 \delta_{\mathrm{r}}^5 + 1.5611 \times 10^{-24} \delta_{\mathrm{r}}^5, \quad 1.25 < M \leqslant 4.0 \\ \\ 7.50 \times 10^{-4} + (-9.69) \times 10^{-5} M + (-2.29) \times 10^{-5} \alpha + 8.76 \times 10^{-7} \alpha^2 \\ + (-1.83) \times 10^{-6} \delta_{\mathrm{r}} + 9.13 \times 10^{-9} M\alpha\delta_{\mathrm{r}} + 2.70 \times 10^{-6} M^2 \\ +1.9701 \times 10^{-6} \delta_{\mathrm{r}}^2 + (-1.7702) \times 10^{-11} M^2 \alpha^2 \delta_{\mathrm{r}}^2, \quad M > 4.0 \end{cases}$$

$$C_{N\beta} = \begin{cases} -1.1185\times10^{-2}\alpha + 3.0432\times10^{-3}M\alpha + (-3.7586)\times10^{-1}M^2 \\ +3.4004\times10^{-3}\alpha^2 + (-8.717)\times10^{-5}M^2\alpha^2 + 3.6104\times10^{-7}M^2\alpha^4 \\ -2.4047\times10^{-6}M^4\alpha^2 - 5.3622\times10^{-10}M^4\alpha^4 - 5.816\times10^{-4}\alpha^3 \\ \\ +9.4289\times10^{-2}M^4 + 4.4848\times10^{-5}\alpha^4 + (-1.8384)\times10^{-2}M^5 \\ +(-1.3021)\times10^{-6}\alpha^5, \quad 1.25 < M \leqslant 4.0 \\ 2.8803\times10^{-3}\alpha + (-2.8943)\times10^{-4}M\alpha + 5.4822\times10^{-2}M^2 \\ +7.3535\times10^{-4}\alpha^2 + 4.6205\times10^{-6}M^2\alpha^2 + (-2.0675)\times10^{-8}M^2\alpha^4 \\ +(-4.6490)\times10^{-9}M^4\alpha^2 + 2.6144\times10^{-11}M^4\alpha^4 + (-4.3203)\times10^{-3}M^3 \\ +(-3.7405)\times10^{-4}\alpha^3 + 1.5495\times10^{-4}M^4 + 2.8183\times10^{-5}\alpha^4 \\ +(-2.0829)\times10^{-6}M^5 + (-5.2083)\times10^{-7}\alpha^5, \quad M > 4.0 \end{cases}$$

$$C_{N\delta a} = -1.02\times10^{-6} + 4.48\times10^{-7}M + (-1.12)\times10^{-7}\alpha + 2.27\times10^{-7}\delta_a$$
$$+ 4.11\times10^{-9}M\alpha\delta_a + (-2.36)\times10^{-8}M^2 + 2.82\times10^{-9}\alpha^2$$
$$+ (-5.04)\times10^{-8}\delta_a^2 + 4.50\times10^{-14}M^2\alpha^2\delta_a^2$$

$$C_{N\delta e} = -C_{N\delta a}$$

$$C_{N\delta r} = \begin{cases} 2.0067\times10^{-5}\alpha\delta_r - 5.7185\times10^{-4}M\delta_r - 1.5307\times10^{-5}M\alpha\delta_r \\ +1.9243\times10^{-19}\delta_r^2 - 2.0404\times10^{-21}\alpha^2\delta_r^2 + 2.8011\times10^{-22}M^2\alpha^2\delta_r^2 \\ +(-1.2673)\times10^{-20}M^2\alpha^2 + (-9.9873)\times10^{-19}\alpha^3 \\ -1.7950\times10^{-20}M^2\delta_r^2 + 3.2768\times10^{-5}\delta_r^3 + 1.2674\times10^{-12}M^3\alpha^3\delta_r^3 \\ +(-3.8438)\times10^{-20}M^4 + 1.9239\times10^{-19}\alpha^4 - 3.2592\times10^{-29}M^4\alpha^4\delta_r^4 \\ +3.1048\times10^{-20}M^5 + (-9.0794)\times10^{-21}\alpha^5 + 1.2684\times10^{-17}M^5\alpha^5\delta_r^5 \\ +7.7275\times10^{-23}\delta_r^4 + (-6.5825)\times10^{-8}\delta_r^5, \quad 1.25 < M \leqslant 4.0 \\ \\ -1.43\times10^{-18} + 1.86\times10^{-19}M + 4.86\times10^{-20}\alpha + 3.84\times10^{-4}\delta_r \\ -1.07\times10^{-5}M\delta_r - 1.17\times10^{-5}\alpha\delta_r + 2.60\times10^{-7}M\alpha\delta_r, \quad M > 4.0 \end{cases}$$

$$m_{x\beta} = \begin{cases} -5.9211\times10^{-4}\alpha + (-3.1579)\times10^{-4}M\alpha + (-8.7296)\times10^{-2}M^2 \\ +(-5.7398)\times10^{-5}\alpha^2 + 2.0549\times10^{-5}M^2\alpha^2 + (-6.8068)\times10^{-8}M^2\alpha^4 \\ +(-1.1037)\times10^{-6}M^4\alpha^2 + 3.6561\times10^{-9}M^4\alpha^4 + (-2.8226)\times10^{-16}\alpha^3 \\ +2.0334\times10^{-2}M^4 + 1.9013\times10^{-7}\alpha^4 + (-3.7733)\times10^{-3}M^5 \\ +(-9.6648)\times10^{-19}\alpha^5, \quad 1.25 < M \leqslant 4.0 \\ \\ -1.402\times10^{-1} + (-7.590)\times10^{-4}\alpha + 3.326\times10^{-2}M + 8.596\times10^{-6}M\alpha \\ +(-3.794)\times10^{-3}M^2 + 2.354\times10^{-6}\alpha^2 + (-1.044)\times10^{-8}M^2\alpha^2 \\ +2.219\times10^{-4}M^3 + (-8.964)\times10^{-18}\alpha^3 + (-6.462)\times10^{-6}M^4 \\ +3.803\times10^{-19}\alpha^4 + 7.419\times10^{-8}M^5 + (-3.353)\times10^{-21}\alpha^5, \quad M > 4.0 \end{cases}$$

$$m_{x\delta a} = 3.570\times10^{-4} + (-3.598)\times10^{-5}M + (-9.569)\times10^{-5}\alpha + 1.170\times10^{-4}\delta_a$$
$$+ 2.794\times10^{-8}M\alpha\delta_a + 1.411\times10^{-6}M^2 + 4.950\times10^{-6}\alpha^2$$
$$+ (-1.160)\times10^{-6}\delta_a^2 + (-4.641)\times10^{-11}M^2\alpha^2\delta_a^2$$
$$m_{x\delta e} = -m_{x\delta a}$$
$$m_{x\delta r} = -5.0103\times10^{-19} + 2.3418\times10^{-20}M + 6.2723\times10^{-20}\alpha$$
$$+ (-3.4201)\times10^{-21}M\alpha + 1.1441\times10^{-4}\delta_r + (-2.6824)\times10^{-6}\alpha\delta_r$$
$$+ (-3.5496)\times10^{-6}M\delta_r + 5.5547\times10^{-8}M\alpha\delta_r$$

$$m_{xy} = 0.382 - 0.106M + 1.94\times10^{-3}\alpha + (-8.15)\times10^{-5}M\alpha$$
$$+ 1.45\times10^{-2}M^2 + (-9.76)\times10^{-6}\alpha^2 + 4.49\times10^{-8}M^2\alpha^2$$
$$+ (-1.02)\times10^{-3}M^3 + (-2.70)\times10^{-7}\alpha^3 + 3.56\times10^{-5}M^4 + 3.19\times10^{-8}\alpha^4$$
$$+ (-4.81)\times10^{-7}M^5 + (-1.06)\times10^{-9}\alpha^5$$

$$m_{xx} = \begin{cases} (-1.2668)\times10^{-5}\alpha + 1.7282\times10^{-5}M\alpha - 0.10966M^2 + 1.0751\times10^{-5}\alpha^2 \\[4pt] + 8.6481\times10^{-6}M^2\alpha^2 + (-1.0989)\times10^{-6}M^4\alpha^2 + 6.1850\times10^{-9}M^2\alpha^4 \\[4pt] + (-4.3707)\times10^{-10}M^4\alpha^4 + (-1.1567)\times10^{-5}\alpha^3 + 2.6725\times10^{-2}M^4 \\[4pt] + 1.5082\times10^{-6}\alpha^4 - 5.08\times10^{-3}M^5 - 6.1276\times10^{-8}\alpha^5, \quad 1.25 < M \leqslant 4.0 \\[8pt] -0.299 + 7.74\times10^{-2}M + 1.38\times10^{-3}\alpha + (-8.78)\times10^{-5}M\alpha \\[4pt] + (-9.13)\times10^{-3}M^2 + (-2.04)\times10^{-4}\alpha^2 + (-1.52)\times10^{-7}M^2\alpha^2 \\[4pt] + 5.73\times10^{-4}M^3 + (-3.86)\times10^{-5}\alpha^3 + (-1.79)\times10^{-5}M^4 + 4.21\times10^{-6}\alpha^4 \\[4pt] + 2.20\times10^{-7}M^5 + (-1.15)\times10^{-7}\alpha^5, \quad M > 4.0 \end{cases}$$

$$m_{y\beta} = \begin{cases} -2.3745\times10^{-3}\alpha + 8.5307\times10^{-4}M\alpha + 1.4474\times10^{-1}M^2 \\[4pt] + 5.3105\times10^{-4}\alpha^2 + (-2.7081)\times10^{-5}M^2\alpha^2 + 1.3335\times10^{-7}M^2\alpha^4 \\[4pt] - 8.3462\times10^{-7}M^4\alpha^2 - 1.3450\times10^{-9}M^4\alpha^4 - 4.1046\times10^{-5}\alpha^3 \\[4pt] + (-3.9519)\times10^{-2}M^4 + (-1.5141)\times10^{-7}\alpha^4 + 7.7646\times10^{-3}M^5 \\[4pt] + 1.7278\times10^{-7}\alpha^5, \quad 1.25 < M \leqslant 4.0 \\[8pt] 6.9980\times10^{-4}\alpha + 5.9115\times10^{-2}M + (-7.5250)\times10^{-5}M\alpha \\[4pt] + (-1.4824)\times10^{-2}M^2 + 2.5160\times10^{-4}\alpha^2 + (-2.1924)\times10^{-7}M^2\alpha^2 \\[4pt] + 1.2692\times10^{-3}M^3 + (-1.0777)\times10^{-4}\alpha^3 + 1.0707\times10^{-8}M^3\alpha^3 \\[4pt] + (-4.7098)\times10^{-5}M^4 + 9.4989\times10^{-6}\alpha^4 + (-5.5472)\times10^{-11}M^4\alpha^4 \\[4pt] + 6.4284\times10^{-7}M^5 - 2.5953\times10^{-7}\alpha^5 + 8.5863\times10^{-14}M^5\alpha^5, \quad M > 4.0 \end{cases}$$

$$m_{y\delta a} = 2.10\times10^{-4} + (-3.56)\times10^{-5}M + 1.83\times10^{-5}\alpha + (-1.30)\times10^{-5}\delta_a$$
$$+ (-8.93)\times10^{-8}M\alpha\delta_a + 8.16\times10^{-7}M^2 + (-6.39)\times10^{-7}\alpha^2$$
$$+ 1.97\times10^{-6}\delta_a^2 + 1.41\times10^{-11}M^2\alpha^2\delta_a^2$$
$$m_{y\delta e} = -m_{y\delta a}$$
$$m_{y\delta r} = 2.85\times10^{-18} + (-1.26)\times10^{-19}M + (-3.59)\times10^{-19}\alpha$$
$$+ 1.57\times10^{-20}M\alpha + (-5.28)\times10^{-4}\delta_r + 1.39\times10^{-5}\alpha\delta_r$$
$$+ 1.65\times10^{-5}M\delta_r + (-3.13)\times10^{-7}M\alpha\delta_r$$

$$m_{yy} = \begin{cases} \begin{aligned} &-1.3332\times10^{-3}\alpha + 6.6899\times10^{-4}M\alpha + (-1.0842)M^2 \\ &+1.6434\times10^{-3}\alpha^2 + 1.0819\times10^{-5}M^2\alpha^2 + (-4.4258)\times10^{-6}M^4\alpha^2 \\ &+1.2017\times10^{-7}M^2\alpha^4 + (-5.8118)\times10^{-4}\alpha^3 + 2.7379\times10^{-1}M^4 \\ &+(-2.8899)\times10^{-9}M^4\alpha^4 + 6.7994\times10^{-5}\alpha^4 + (-5.2435)\times10^{-2}M^5 \\ &+(-2.5848)\times10^{-6}\alpha^5, \quad 1.25 < M \leqslant 4.0 \\ \\ &-2.41 + 0.596M + (-2.74)\times10^{-3}\alpha + 2.09\times10^{-4}M\alpha \\ &+(-7.57)\times10^{-2}M^2 + 1.15\times10^{-3}\alpha^2 + (-6.53)\times10^{-8}M^2\alpha^2 \\ &+4.90\times10^{-3}M^3 + (-3.87)\times10^{-4}\alpha^3 + (-1.57)\times10^{-4}M^4 \\ &+3.60\times10^{-5}\alpha^4 + 1.96\times10^{-6}M^5 + (-1.18)\times10^{-6}\alpha^5, \quad M > 4.0 \end{aligned} \end{cases}$$

$$m_{yx} = \begin{cases} \begin{aligned} &0.17 + (-6.4056)\times10^{-18}\alpha + 1.1333\times10^{-2}M + 2.3467\times10^{-18}M\alpha \\ &+(-5.3333)\times10^{-3}M^2 + 2.0917\times10^{-19}\alpha^2 \\ &+(-5.0665)\times10^{-20}M^2\alpha^2, \quad 1.25 < M \leqslant 4.0 \\ \\ &0.368 + (-9.79)\times10^{-2}M + 7.61\times10^{-16}\alpha + 1.24\times10^{-2}M^2 \\ &-4.64\times10^{-16}\alpha^2 - 8.05\times10^{-4}M^3 + 1.01\times10^{-16}\alpha^3 + 2.57\times10^{-5}M^4 \\ &+(-9.18)\times10^{-18}\alpha^4 + (-3.20)\times10^{-7}M^5 + 2.96\times10^{-19}\alpha^5, \quad M > 4.0 \end{aligned} \end{cases}$$

$$m_{z0} = \begin{cases} \begin{aligned} &-5.7643\times10^{-1} + (-3.7951)\times10^{-1}C_{L0} + 1.0553M + 1.0483\times10^{-1}MC_{L0} \\ &+(-7.4344)\times10^{-1}M^2 + (-1.5412)\times10^{-1}C_{L0}^2 + 5.7805\times10^{-2}M^2C_{L0}^2 \\ &+(-2.1133)\times10^{-3}M^4C_{L0}^2 + (-1.7858)\times10^{-1}M^2C_{L0}^4 - 10.331C_{L0}^5 \\ &+(-3.8875)\times10^{-3}M^4C_{L0}^4 + 2.5341\times10^{-1}M^3 + (-4.9731)\times10^{-1}C_{L0}^3 \\ &+(-4.1938)\times10^{-2}M^4 + 7.1784C_{L0}^4 + 2.7017\times10^{-3}M^5, \quad 1.25 < M \leqslant 4.0 \\ \\ &-2.192\times10^{-2} + 7.739\times10^{-3}M + (-2.260)\times10^{-3}\alpha + 1.808\times10^{-4}M\alpha \\ &+8.849\times10^{-4}M^2 + 2.616\times10^{-4}\alpha^2 + (-2.880)\times10^{-7}M^2\alpha^2 \\ &+4.617\times10^{-5}M^3 + (-7.887)\times10^{-5}\alpha^3 + (-1.143)\times10^{-6}M^4 \\ &+8.288\times10^{-6}\alpha^4 + 1.082\times10^{-8}M^5 + (-2.789)\times10^{-7}\alpha^5, \quad M > 4.0 \end{aligned} \end{cases}$$

$$m_{z\delta a} = -5.67 \times 10^{-5} + (-1.51) \times 10^{-6} M + (-6.59) \times 10^{-5} \alpha + 2.89 \times 10^{-4} \delta_a$$
$$+ 4.48 \times 10^{-6} \alpha \delta_a + (-4.46) \times 10^{-6} M\alpha + (-5.87) \times 10^{-6} M\delta_a$$
$$+ 9.72 \times 10^{-8} M\alpha \delta_a$$

$$m_{z\delta e} = m_{z\delta a}$$

$$m_{z\delta r} = (-2.79) \times 10^{-5} \alpha + (-5.89) \times 10^{-8} \alpha^2 + 1.58 \times 10^{-3} M^2 + 6.42 \times 10^{-8} \alpha^3$$
$$+ (-6.69) \times 10^{-4} M^3 + (-2.10) \times 10^{-8} \alpha^4 + 1.05 \times 10^{-4} M^4 + 1.43 \times 10^{-7} \delta_r^4$$
$$+ 3.14 \times 10^{-9} \alpha^5 + (-7.74) \times 10^{-6} M^5 + (-4.77) \times 10^{-22} \delta_r^5$$
$$+ (-2.18) \times 10^{-10} \alpha^6 + 2.70 \times 10^{-7} M^6 + (-3.38) \times 10^{-10} \delta_r^6$$
$$+ 5.74 \times 10^{-12} \alpha^7 + (-3.58) \times 10^{-9} M^7 + 2.63 \times 10^{-24} \delta_r^7$$

$$m_{zz} = \begin{cases} \begin{aligned} & -1.0828 \times 10^{-2} \alpha + 4.2311 \times 10^{-3} M\alpha + (-6.1171) \times 10^{-1} M^2 \\ & + 4.6974 \times 10^{-3} \alpha^2 + (-7.0964) \times 10^{-5} M^2 \alpha^2 + (-1.1593) \times 10^{-5} M^4 \alpha^2 \\ & + 2.5378 \times 10^{-7} M^2 \alpha^4 + 4.1284 \times 10^{-8} M^4 \alpha^4 \\ & + (-1.1414) \times 10^{-3} \alpha^3 + 1.5903 \times 10^{-1} M^4 + 1.1176 \times 10^{-4} \alpha^4 \\ & + (-3.0665) \times 10^{-2} M^5 + (-3.8123) \times 10^{-6} \alpha^5, \quad 1.25 < M \leqslant 4.0 \\[1em] & -1.36 + 0.386 M + 7.85 \times 10^{-4} \alpha + 1.40 \times 10^{-4} M\alpha \\ & + (-5.42) \times 10^{-2} M^2 + 2.36 \times 10^{-3} \alpha^2 + (-1.95) \times 10^{-6} M^2 \alpha^2 \\ & + 3.80 \times 10^{-3} M^3 + (-1.48) \times 10^{-3} \alpha^3 + (-1.30) \times 10^{-4} M^4 + 1.69 \times 10^{-4} \alpha^4 \\ & + 1.71 \times 10^{-6} M^5 + (-5.93) \times 10^{-6} \alpha^5, \quad M > 4.0 \end{aligned} \end{cases}$$

附录III　高超声速飞行器发动机推力模型

高超声速飞行器采用三种不同的发动机,根据飞行马赫数进行切换使用。影响发动机推力大小的因素主要包括马赫数 M、高度 h 和燃油阀门开度 $P_{LA} \in [0, 1]$。对应不同马赫数范围,发动机推力模型分别如下所示。

(1) 当 $M \in [0, 2)$ 时,采用涡轮发动机

$$P = P_{LA} \left(2.99 \times 10^5 - 10h + 1.33 \times 10^{-4} h^2 - 6.48 \times 10^{-10} h^3 + 3.75 \times 10^3 M^3 \right)$$

(2) 当 $M \in [2, 6]$ 时,采用超燃冲压发动机

$$P = P_{LA} \left(3.93 \times 10^{-8} + 3.94 \times 10^5 M - 6.97 \times 10^5 M^2 + 8.07 \times 10^5 M^3 \right.$$
$$\left. - 4.36 \times 10^5 M^4 + 1.16 \times 10^5 M^5 - 1.50 \times 10^5 M^6 + 753 M^7 \right)$$

(3) 当 $M \in (6, 24]$ 时,采用火箭发动机

$$P = -5.43 \times 10^4 + 0.664h + 3.24 \times 10^5 P_{LA} + 0.374 h P_{LA}$$

其中，高度和推力的单位分别为 ft 和 lbf，应用时要将其转化为 m 和 N。

发动机的比冲 I_s 可由马赫数 $M(0 \leqslant M < 20)$ 根据附表 2 插值近似求取。

附表 2 高超声速飞行器的发动机比冲与马赫数关系经验表

变量	节点值							
比冲 I_s/s	2630	2212	2135	1855	1625	955	500	0
马赫数 M	0	2.5	2.96	4.63	6	10	15	20

于是，发动机燃料消耗率 R_f，或者说飞行器质量变化率 m_c(单位：kg/s) 可以根据如下公式进行计算：

$$R_{\text{fuel}} = m_c = \frac{P}{I_s g_0}$$

附录Ⅳ 大气密度、温度与声速模型

标准大气密度为 $\rho_0 = 1.2250\text{kg/m}^3$，声速为 $V_{s0} = 340\text{m/s}$。实际的大气密度 ρ(单位：kg/m^3)、温度 T(单位：K) 和声速 V_s(单位：m/s) 随着高度 h(单位：km) 的变化而变化。定义几何高度：

$$H = \frac{h}{1 + \dfrac{h}{6356.766}}$$

则大气密度 ρ、温度 T 和声速 V_s 对于高度 h 的经验依赖关系可以描述为如下的分段函数形式：

$$\rho = \begin{cases} \rho_0 \left(1 - \dfrac{H}{44.3308}\right)^{4.2559}, & h \leqslant 11.0191\text{km} \\ 0.15898\rho_0 \exp\left(\dfrac{14.9647 - H}{6.3416}\right), & 11.0191\text{km} < h \leqslant 20.0631\text{km} \\ 0.032722\rho_0 \left(1 + \dfrac{H - 24.9021}{221.552}\right)^{-35.1629}, & 20.0631\text{km} < h \leqslant 32.1619\text{km} \\ 0.0032618\rho_0 \left(1 + \dfrac{H - 39.7499}{89.4107}\right)^{-13.2001}, & 32.1619\text{km} < h \leqslant 47.3501\text{km} \\ 0.00094920\rho_0 \exp\left(\dfrac{48.6252 - H}{7.9223}\right), & 47.3501\text{km} < h \leqslant 51.4125\text{km} \\ 0.0002528\rho_0 \left(1 - \dfrac{H - 59.4390}{88.2218}\right)^{11.2001}, & 51.4125\text{km} < h \leqslant 71.802\text{km} \\ 0.000017632\rho_0 \left(1 - \dfrac{H - 78.0303}{100.295}\right)^{16.0816}, & 71.802\text{km} < h \leqslant 86.000\text{km} \\ 3.6411 \times 10^{-6}\rho_0 \exp\left(\dfrac{87.2848 - H}{5.47}\right), & 86.000\text{km} < h \leqslant 91.000\text{km} \\ 0, & h > 91.000\text{km} \end{cases}$$

$$T = \begin{cases} 288.15 \left(1 - \dfrac{H}{44.3308}\right), & h \leqslant 11.0191\text{km} \\[2.5ex] 216.650, & 11.0191\text{km} < h \leqslant 20.0631\text{km} \\[2.5ex] 221.552 \left(1 + \dfrac{H - 24.9021}{221.552}\right), & 20.0631\text{km} < h \leqslant 32.1619\text{km} \\[2.5ex] 250.350 \left(1 + \dfrac{H - 39.7499}{89.4107}\right), & 32.1619\text{km} < h \leqslant 47.3501\text{km} \\[2.5ex] 270.650, & 47.3501\text{km} < h \leqslant 51.4125\text{km} \\[2.5ex] 247.021 \left(1 - \dfrac{H - 59.4390}{88.2218}\right), & 51.4125\text{km} < h \leqslant 71.802\text{km} \\[2.5ex] 200.590 \left(1 - \dfrac{H - 78.0303}{100.295}\right), & 71.802\text{km} < h \leqslant 86.000\text{km} \\[2.5ex] 186.870, & h > 86.000\text{km} \end{cases}$$

$$V_{\text{s}} = 20.0468\sqrt{T}$$